Jutta Minn

Modulation von Darmentzündungen durch Inhaltsstoffe des Apfels

Jutta Minn

Modulation von Darmentzündungen durch Inhaltsstoffe des Apfels

Modulation der akuten und chronischen Darmentzündung an Nagermodellen durch Inhaltstoffe des Apfels

Südwestdeutscher Verlag für Hochschulschriften

Impressum / Imprint
Bibliografische Information der Deutschen Nationalbibliothek: Die Deutsche Nationalbibliothek verzeichnet diese Publikation in der Deutschen Nationalbibliografie; detaillierte bibliografische Daten sind im Internet über http://dnb.d-nb.de abrufbar.

Bibliographic information published by the Deutsche Nationalbibliothek: The Deutsche Nationalbibliothek lists this publication in the Deutsche Nationalbibliografie; detailed bibliographic data are available in the Internet at http://dnb.d-nb.de.

Verlag / Publisher:
Südwestdeutscher Verlag für Hochschulschriften
ist ein Imprint der / is a trademark of
OmniScriptum GmbH & Co. KG
Heinrich-Böcking-Str. 6-8, 66121 Saarbrücken, Deutschland / Germany
Email: info@svh-verlag.de

Herstellung: siehe letzte Seite /
Printed at: see last page
ISBN: 978-3-8381-1582-5

Zugl. / Approved by: Kaiserslautern, TU, Diss., 2010

Vom Fachbereich Chemie der Technischen Universität Kaiserslautern zur Erlangung des akademischen Grades „Doktor der Naturwissenschaften“ genehmigte Dissertation

vorgelegt von Dipl. Lebensmittelchemikerin Jutta Minn

Modulation der akuten und chronischen Darmentzündung an Nagermodellen durch Inhaltstoffe des Apfels

Technische Universität Kaiserslautern
Fachbereich Chemie
Fachrichtung Lebensmittelchemie und Toxikologie

Betreuung: Prof. Dr. Dr. D Schrenk

Tag der wissenschaftlichen Aussprache: 04.02.2010
(D386)

Abstract

Chronisch entzündliche Darmerkrankungen (CED) zeigen in den westlichen Industriestaaten eine zunehmende Prävalenz. Verlauf und Ausdehnung sind sehr variabel und erfordern häufig eine komplexe und kostspielige Diagnostik und Therapie. Aufgrund ihrer Erkrankung sind die Patienten stark in ihrer Lebensqualität beeinträchtigt und haben ein erhöhtes Risiko an Darmkrebs zu erkranken. Aus diesen Gründen wird im Rahmen des vom Bundesministerium für Bildung und Forschung unterstützten Projekts „Rolle von Nahrungsbestandteilen in der Genese von Darmerkrankungen und Möglichkeiten ihrer Prävention durch die Ernährung" im Arbeitskreis von Herrn Prof. Dr. Dr. D. Schrenk die Beeinflussung und Vorbeugung von CED durch Lebensmittelinhaltsstoffe, hier in erster Linie durch Inhaltsstoffe des Apfels und des Apfelsafts mittels *in vivo*- und *in vitro*-Studien untersucht.

Im Rahmen dieser Dissertation wird die Wirkung verschiedener Apfelsäfte auf eine chemisch induzierte Darmentzündung untersucht. Zu diesem Zweck werden zwei in-vivo Modelle eingesetzt, welche die beiden in Schüben verlaufenden, chronisch entzündlichen Darmerkrankungen Morbus Crohn (MC) und Kolitis Ulcerosa (CU) imitieren sollen. Das Trinitrobenzoesulfonsäure-Modell wird stellvertretend für den MC und das Dextransulfat-Natrium Modell stellvertretend für die CU eingesetzt. Durch die Gabe verschiedener Apfelsäfte vor und nach der Induktion der Entzündung soll der Einfluss der Säfte auf den Krankheitsverlauf ermittelt werden.

In vitro wird der Einfluss verschiedener Apfelinhaltsstoffe und Apfelsaftextrakte auf die humane Monozyten-Makrophagenzelllinie Mono Mac 6 untersucht

In den hier durchgeführten *in vitro* Studien konnte in Übereinstimmung mit den *in vivo* Versuchen gezeigt werden, dass die phenolischen Inhaltsstoffe des Apfels beziehungsweise ihre Abbauprodukte in der Lage sind, den Status des Immunsystems zu verändern beziehungsweise das Immunsystems zu aktivieren.

Im Rahmen dieser Arbeit wurde festgestellt, dass die Gabe von Ballaststoffen den Gesamtgehalt an kurzkettigen Fettsäuren und Butyrat steigern kann, wobei dieser Effekt nur bei dauerhaftem Konsum der Ballaststoffe auftritt.

Es konnte weiterhin gezeigt werden, dass sich die Gabe der verschiedenen Apfelsäfte positiv auf eine milde Entzündung auswirkt, während sich ein hoher Ballaststoffkonsum negativ auf eine starke Entzündung auswirkt.

Abstract

Chronisch entzündliche Darmerkrankungen (CED) zeigen in den westlichen Industriestaaten eine zunehmende Prävalenz. Verlauf und Ausdehnung sind sehr variabel und erfordern häufig eine komplexe und kostspielige Diagnostik und Therapie. Aufgrund ihrer Erkrankung sind die Patienten stark in ihrer Lebensqualität beeinträchtigt und haben ein erhöhtes Risiko an Darmkrebs zu erkranken. Aus diesen Gründen wird im Rahmen des vom Bundesministerium für Bildung und Forschung unterstützten Projekts „Rolle von Nahrungsbestandteilen in der Genese von Darmerkrankungen und Möglichkeiten ihrer Prävention durch die Ernährung“ im Arbeitskreis von Herrn Prof. Dr. Dr. D. Schrenk die Beeinflussung und Vorbeugung von CED durch Lebensmittelinhaltsstoffe, hier in erster Linie durch Inhaltsstoffe des Apfels und des Apfelsafts mittels *in vivo*- und *in vitro*-Studien untersucht.

Im Rahmen dieser Dissertation wird die Wirkung verschiedener Apfelsäfte auf eine chemisch induzierte Darmentzündung untersucht. Zu diesem Zweck werden zwei in-vivo Modelle eingesetzt, welche die beiden in Schüben verlaufenden, chronisch entzündlichen Darmerkrankungen Morbus Crohn (MC) und Kolitis Ulcerosa (CU) imitieren sollen. Das Trinitrobenzoesulfonsäure-Modell wird stellvertretend für den MC und das Dextransulfat-Natrium Modell stellvertretend für die CU eingesetzt. Durch die Gabe verschiedener Apfelsäfte vor und nach der Induktion der Entzündung soll der Einfluss der Säfte auf den Krankheitsverlauf ermittelt werden.
In vitro wird der Einfluss verschiedener Apfelinhaltsstoffe und Apfelsaftextrakte auf die humane Monozyten-Makrophagenzelllinie Mono Mac 6 untersucht

In den hier durchgeführten *in vitro* Studien konnte in Übereinstimmung mit den *in vivo* Versuchen gezeigt werden, dass die phenolischen Inhaltsstoffe des Apfels beziehungsweise ihre Abbauprodukte in der Lage sind, den Status des Immunsystems zu verändern beziehungsweise das Immunsystems zu aktivieren.
Im Rahmen dieser Arbeit wurde festgestellt, dass die Gabe von Ballaststoffen den Gesamtgehalt an kurzkettigen Fettsäuren und Butyrat steigern kann, wobei dieser Effekt nur bei dauerhaftem Konsum der Ballaststoffe auftritt.
Es konnte weiterhin gezeigt werden, dass sich die Gabe der verschiedenen Apfelsäfte positiv auf eine milde Entzündung auswirkt, während sich ein hoher Ballaststoffkonsum negativ auf eine starke Entzündung auswirkt.

Vom Fachbereich Chemie der Technischen Universität Kaiserslautern zur Erlangung des akademischen Grades „Doktor der Naturwissenschaften" genehmigte Dissertation

vorgelegt von Dipl. Lebensmittelchemikerin Jutta Minn

Modulation der akuten und chronischen Darmentzündung an Nagermodellen durch Inhaltstoffe des Apfels

Technische Universität Kaiserslautern
Fachbereich Chemie
Fachrichtung Lebensmittelchemie und Toxikologie

Betreuung: Prof. Dr. Dr. D. Schrenk

Tag der wissenschaftlichen Aussprache: 04.02.2010
(D386)

für meine Eltern!

Eines musst du Dir gut merken:
Wenn du schwach bist –
Äpfel stärken!
Äpfel sind die beste Speise,
für zu Hause, für die Reise,
für die Alten, für die Kinder,
für den Sommer, für den Winter,
für den Morgen, für den Abend,
Äpfel essen ist stets labend!

Äpfel glätten Deine Stirn,
bringen Phosphor ins Gehirn,
Äpfel geben Kraft und Mut
und erneuern Dir Dein Blut!

Auch vom Most so fern Dich durstet,
wirst Du fröhlich, wirst Du lustig.
Darum Freund so lass Dir raten:
esse frisch, gekocht, gebraten
täglich ihrer fünf bis zehn,
wirst nicht dick, doch jung und schön
und kriegst Nerven wie ein Strick:

Mensch, im Apfel liegt dein Glück!

(Autor unbekannt)

Danksagung

Ich danke Herrn Prof. Dr. Dr. D. Schrenk für die Überlassung des interessanten Themas, für die Bereitstellung des Arbeitsplatzes und der Materialien, sowie für die stets gute und freundliche Betreuung während der Durchführung dieser Arbeit.

Mein besonderer Dank gilt Herrn Kamyschnikow für seine ständige Hilfsbereitschaft und seine Unterstützung während der Tierversuche, die freundliche Zusammenarbeit und viele aufmunternde Worte in stressigen Phasen.

Frau Daub danke ich rechtherzlich für ihre Unterstützung bei der Präparation der histologischen Schnitte, die viele Kuchen mit denen sie uns das Leben versüßt hat und die vielen netten Worte.

Bei Herrn Dr. Gauer möchte ich mich für die Bewertung der histologischen Schnitte bedanken.

Ein weiterer Dank gilt Herrn Vetter für seine Unterstützung bei der Analyse der kurzkettigen Fettsäuren.

Bei Herrn Dr. Erkel möchte ich mich recht herzlich für seine Hilfsbereitschaft, die vielen lehrreichen Gespräche und Tipps und letztendlich für die Übernahme der Zweitkorrektur bedanken. Des Weiteren möchte ich mich für die Überlassung der Mono Mac 6 Zellen bedanken.

Mein Dank gilt den Projektpartnern im Nutrion net für die gute Zusammenarbeit. Ganz besonders der Gruppe von Herrn Dietrich von der Forschungsanstalt Geisenheim für die Bereitstellung der verschiedenen Apfelsäfte und deren Analysen.

Für die Bereitstellung des Kühlraumes möchte ich mich bei Herrn Prof. Dr. Krüger bedanken.

Mein ganz besonderer Dank gilt den Mitarbeitern des Tierhauses der Technischen Universität Kaiserslautern, ohne deren Verständnis und Hilfsbereitschaft die dieser Arbeit zu Grunde liegenden Tierversuche in dieser Weise nicht durchführbar gewesen wären.

Bei meinen Kolleginnen und Kollegen möchte ich mich für die angenehme Arbeitsatmosphäre und ihre Unterstützung im Labor bedanken. Es war wirklich schön mit euch zusammenzuarbeiten.

Ein ganz großes Dankeschön gilt meiner Familie, die mich immer unterstützt und ohne die ich nie so weit gekommen wäre und natürlich meinen Freunden, die mir die Zeit in Kaiserslautern zu einer sehr schönen gemacht haben, an die ich mich immer gerne erinnern werde.

Die vorliegende Arbeit entstand in der Zeit von April 2006 bis April 2009 im Arbeitskreis von Herrn Prof. Dr. Dr. D. Schrenk am Fachbereich Chemie, Fachrichtung Lebensmittelchemie und Toxikologie der Technischen Universität Kaiserslautern.

Erklärung

Hiermit erkläre ich, Jutta Minn, geboren am 22.07.1981 in Trier an Eides statt, dass ich die vorliegende Arbeit eigenständig und nur mit den in dieser Arbeit angegebenen Hilfsmitteln durchgeführt habe.

Kaiserslautern, den ________________ ________________________

(Jutta Minn)

Inhaltsverzeichnis

Abkürzungsverzeichnis

Abb	Abbildung
AE	Apfelsaftextrakt
AS	Aminosäure
ASA	Acetylsalicylsäure
AP	Activated protein
APC	Antigen presenting cell
BMBF	Bundesministerium für Bildung und Forschung
CD-System:	Cluster-disignation-System
cDNA	Kodierende Desoxyribonuclein acid
CED	Chronisch entzündliche Darmerkrankungen
CDAI	Crohn's Disease Activity Index
CU	Colitis Ulcerosa
DAG	Diacylglycerin
DNA	Desoxyribonuclein acid
dNTP	Desoxynukleotidtriphosphate
DSS	Dextransulfate sodium
DTT	Dithiothreitol
E	Effizienz
ELISA	Enzyme linked immunosorbent assay
EtOH	Ethanol
GAG	Glykosylaminoglykan
GITC	Guanidiumisothiocyanat
HDAC	Histondeacetylase
HE	Hämatoxilin-Eosin
HKG	Housekeeping gen
HRP	Horse raddish peroxidase (Merrettischperoxidase)
IFN-γ	Interferon-γ
Ig	Immunglobulin
IK	Immunkomplex
IL	Interleukin
Ip-10	Inducibel Protein 10
LPS	Lipopolysaccarid

LRR	Leucine-rich-repeads
MAPK	Mitogen activated kinase
MC	Morbus Crohn
MDA	Malondialdehyd
MHC	Major histocompatibility complex
MPO	Myeloperoxidase
N_K-Zellen	Natürliche Killerzellen
NF-κB	Nuclear factor-κB
PBS	phosphate bufferd saline
PCR	Polymerasekettenreaktion
PG	Prosataglandin
PKC	Proteinkinase C
PL	Phospholipase
RNA	Ribonukleinsäure
mRNA	Messenger Ribonukleinsäure
rRNA	Ribosomale Ribonukleinsäure
tRNA	Transport Ribonukleinsäure
ROS	Reactive oxygen species
RT	Raumtemperatur
RTQ-PCR	Realtime Quantitative Polymerasekettenreaktion
RT-RTQ-PCR	Reverse transkriptase Realtime Quantitative Polymerasekettenreaktion
SCFA	short chain fatty acid
SDS-PAGE	Sodiumdodecylsulfat Polyacrylamid Gelelektrophorese
STAT-4	Signal transducer and activator of transcription 4
Tab	Tabelle
TCR	T-Zellrezeptor
TGF-β1	Tumorgrowthfactor-β1
T_H-Zellen	T-Helferzellen
T_K-Zellen	T-Killerzellen
TLR	Toll-like-receptor
TMB	Tetramethylbenzidin
TNBS	Trinitrobenzoesulfonsäure
TNF-α	Tumornecrosisfactor-α
UV	Ultraviolett

Tabellenverzeichnis

Abbildungsverzeichnis

Formelverzeichnis

Lambert-Beersches-Gesetz:

$$E = \varepsilon \cdot c \cdot d$$

E: Extinktion

ε: molarer dekadischer Extinktionskoeffizient

c: Konzentration

d: optische Weglänge

ΔC_T-Wert der PCR der PCR:

$$\Delta C_T = C_{T\text{Zielgen}} - \Delta C_{T\text{Referenzgen}}$$

$\Delta\Delta C_T$-Wert der PCR:

$$\Delta\Delta C_T = \Delta C_{T\text{Kontrolle}} - \Delta C_{T\text{Probe}}$$

Ratio (unkorrigiert) der PCR:

$$R_u = 2^{-\Delta\Delta C_T}$$

R_u: unkorrigierte Ratio der PCR

Ratio (korrigiert) der PCR:

$$R_k = E_{Zielgen}^{\Delta\Delta C_{T Zielgen}\,(\text{Kontrolle-Behandlung})}$$

R_k: korrigierte Ratio der PCR

$E_{Zielgen:}$ Effizienz der DNA Verdoppelung des Zielgens

Effizienz der PCR:

$$E = 10^{\frac{-1}{\text{Steigung}}}$$

E: Effizienz

Arithmetischer Mittelwert:

$$\overline{X} = \frac{\sum_{i=1}^{n} X_i}{n}$$

$\overline{X}$: Arithmetischer Mittelwert

n: Anzahl der Messwerte

X_i: Messwert i

Standardabweichung:

$$s = \pm\sqrt{\tfrac{1}{n-1}\cdot\sum_{i=1}^{n} X_{\mathrm{i}} - \overline{X}}$$

s: Standardabweichung

n: Anzahl der Messwerte

X_{i}: Messwert i

$\overline{X}$: Arithmetischer Mittelwert

Ausreißertest nach Nalimov:

Prüfgröße r:

$$r = \frac{X - \overline{X}}{s}\cdot\sqrt{\tfrac{n}{n-1}}$$

r: Prüfgröße r

X: ausreißerverdächtiger Wert

$\overline{X}$: arithmetischer Mittelwert

s: Standardabweichung

n: Anzahl der Messwerte

statistischer Faktor f:

$$f = n - 2$$

f: statistischer Faktor f

n: Anzahl der Messwerte

Vergleich von Mittelwerten / t-Test:

<u>Prüfgröße *TAU*:</u>

$$TAU = \left| \frac{\overline{X_1} - \overline{X_2}}{s_\mathrm{d}} \right| \cdot \sqrt{\frac{n_1 \cdot n_2}{n_1 + n_2}}$$

TAU: Prüfgröße TAU

$\overline{X}_1$: arithmetischer Mittelwert der Messreihe 1

$\overline{X}_2$: arithmetischer Mittelwert der Messreihe 2

$s_\mathrm{d} = \sqrt{\frac{(n_1 - 1) \cdot s_1{}^2 + (n_2 - 1) \cdot s_2{}^2}{n_1 + n_2 - 2}}$

n_1: Anzahl der Messwerte der Messreihe 1

n_2: Anzahl der Messwerte der Messreihe 2

s_1: Standardabweichung des ersten arithmetischen Mittelwerts

s_2: Standardabweichung des zweiten arithmetischen Mittelwerts

<u>Statistischer Faktor *f*:</u>

$$f = n_1 + n_2 - 2$$

n_1: Anzahl der Messwerte der Messreihe 1

n_2: Anzahl der Messwerte der Messreihe

1 Einleitung

Chronisch entzündliche Darmerkrankungen (CED) zeigen in den westlichen Industriestaaten eine zunehmende Prävalenz. Verlauf und Ausdehnung der Erkrankungen sind sehr variabel und erfordern häufig eine komplexe und kostspielige Diagnostik und Therapie. Aufgrund ihrer Erkrankung sind die betroffenen Patienten stark in ihrer Lebensqualität beeinträchtigt und haben zudem ein erhöhtes Risiko an Darmkrebs zu erkranken. Aus diesen Gründen wird im Rahmen des vom Bundesministerium für Bildung und Forschung (BMBF) unterstützten Projekts „Rolle von Nahrungsbestandteilen in der Genese von Darmerkrankungen und Möglichkeiten ihrer Prävention durch die Ernährung" im Arbeitskreis von Herrn Prof. Dr. Dr. D. Schrenk die Beeinflussung und Vorbeugung von CED durch Lebensmittelinhaltsstoffe, hier in erster Linie durch Inhaltsstoffe des Apfels und des Apfelsafts mittels *in vivo*- und *in vitro* Studien untersucht.

Unter dem Oberbegriff CED werden vor allem zwei Erkrankungen zusammenfasst, der Morbus Crohn (MC) und die Kolitis Ulcerosa (CU). Beide verlaufen meistens schubweise. Beide CED und können nach dem momentanen Erkenntnisstand durch keine medikamentöse Maßnahme geheilt werden. Die Behandlung mit Medikamenten hat daher das Ziel, die Entzündungsaktivität zu verringern, Rückfälle zu vermeiden bzw. hinauszuzögern und dadurch die Lebensqualität der überwiegend jungen Patienten zu verbessern. Untersuchungen haben ergeben, dass die Ernährung eine bedeutende Rolle auf den Krankheitsverlauf hat [11, 12, 22, 23]. So wird zum Beispiel vermutet, dass sich ein hoher Ballaststoffkonsum während einer Remissionsphase zu ihrer Aufrechterhaltung beitragen kann und, dass das Risiko überhaupt an CED zu erkranken durch den ausreichenden Konsum von Ballaststoffen verringert werden kann. Während einer akuten Entzündungsphase verschlimmern Ballaststoffe bei einer Vielzahl von Patienten die Symptome jedoch, so dass es oftmals von Nöten ist, die Patienten für den Zeitraum der akuten Entzündung auf eine ballaststofffreie Kost umzustellen [12, 22, 23].

Die Geschichte der Menschheit auf Erden begann, der Schöpfungsgeschichte nach, mit der Vertreibung aus dem Paradies. Der Verzehr der verbotenen Frucht aus dem Paradiesgarten war dafür der Auslöser. Es hat sich seit Jahrhunderten die Vorstellung verbreitet, dass diese verbotene Frucht ein Apfel gewesen sei. Die Vorstellung vom Apfel als Frucht vom Baum der Erkenntnis zeigt, welchen Stellenwert der Apfel für den europäischen Kulturkreis hatte und

immer noch hat. In der griechischen und nordischen Mythologie spielt der Apfel als Symbol der Liebe und Fruchtbarkeit eine große Rolle. Im Mittelalter galt der Apfel aufgrund der alttestamentarischen Erzählung als Sinnbild des Sinnesreizes und der Erbsünde. Seit dem späten Mittelalter sind Äpfel die beliebteste Obstart nördlich der Alpen [6, 73].
Der bei uns kultivierte Tafelapfel hat seinen Ursprung wahrscheinlich in Zentralasien, im Grenzgebiet des heutigen Kirgistan, Kasachstan und China. Mit den Goten kam der Apfelbaum schon in vorchristlicher Zeit ans schwarze Meer und auf den Balkan, wo man schon vor 5.000 Jahren Äpfel anbaute. Die Römer brachten den Apfel schließlich über die Alpen zu uns [6, 73].

Die heutigen Kultursorten entstanden im Laufe von Jahrtausenden aus Kreuzungen europäischer und asiatischer Wildformen. Heute ist der Apfelbaum weltweit der meist verbreitete Obstbaum. Größere Apfelanbaugebiete findet man in Afrika, Deutschland, Italien (Südtirol) und Neuseeland [6].
Der Anbau von Äpfeln erfolgt in zwei Kulturformen. In Plantagen von niederstämmigen Apfelbäumen und in Form von Streuobstwiesen. Streuobstwiesen sind naturbelassene Wiesen auf denen hochstämmige Apfelbäume wachsen. Bei dieser Art des Anbaus wird vollkommen auf Pestizide verzichtet. Oft erfolgt der Anbau in Kombination mit Weide oder Graswirtschaft. Diese Form der Apfelkultur ist in Mitteleuropa seit dem Mittelalter bekannt und in vielen Gebieten landschaftsprägend. Da Streuobstwiesen zudem ein wichtiges Biotop für Pflanzen und Tiere darstellen und aufgrund der Vielzahl der angebauten Apfelsorten zum Erhalt dieser beitragen gibt es staatliche Programme die diese Art des Apfelanbaus fördern.
Europaweit gibt es ca. 1.600, weltweit sogar 20.000 verschiedene Apfelsorten. Die wichtigsten Apfelsorten heißen: Alkmene, Boskop, Berlepsch, Cox-Orange, Elstar, Gloster, Glockenapfel, Golden Delicius, Goldpamäne, Ravensteiner, Granny Smith, Idared, Ingrid Jonagold, Jonathan, Red Delicious und Klarapfel. Form, Größe und Farbe (grün, gelb orange, rot) der Früchte sind je nach Sorte sehr unterschiedlich. Der Geschmack reicht von säuerlich bis süß aromatisch [6].
Äpfel kann man unter anderem zu Apfelmus, Trockenäpfeln, Apfelpfannkuchen, Bratäpfeln, Apfelgelee, Apfelstrudel, Kuchenbelag, Apfelsaft und Apfelwein verarbeiten [6].

„An Apple a day – keeps the doctor away", was zu deutsch so viel heißt wie "Ein Apfel am Tag - Arzt gespart" heißt, ist ein weit verbreitetes Sprichwort. Tatsächlich steckt viel Gutes in der Frucht mit dem irreführenden latainischen Namen „Malus", was zu Deutsch Übel, Leid

und Unheil bedeutet. Der Apfel enthält über 30 verschiedene Mineralstoffe und Spurenelemente, zu erwähnen sind hier vor allem Kalium und Eisen. Er enthält weiterhin wichtige Vitamine wie Provitamin A, die B-Vitamine 1, 2 und 6, sowie Niacin und Folsäure. Ein weiterer wichtiger Bestandteil ist das Pektin. Neuste Studien deuten darauf hin, dass dieses den Cholesterinspiegel senkt, Schadstoffe bindet und verdauungsfördernd wirken kann [75]. Zudem zählen antioxidativ wirksame Polyphenole zu den sekundären Pflanzeninhaltsstoffen des Apfels.
Von alters her ist die gesundheitliche Wirkung von Äpfeln bekannt. So hilft ein mit Schale geriebener und langsam verzehrter Apfel zum Beispiel gegen Diarrhöe. Die Fruchtsäuren des Apfels helfen den Harnsäurespiegel im Blut zu senken und sind somit eine Therapieunterstützung bei Gicht oder Rheuma. Ein Apfel vor dem Schlafengehen hilft gegen Schlafstörungen, da er zur Konstanthaltung des Blutzuckerspiegels beiträgt [42, 87, 89].

Im Rahmen dieser Dissertation wird die Wirkung verschiedener Apfelsäfte auf eine chemisch induzierte Darmentzündung untersucht. Zu diesem Zweck werden zwei Tierversuchsmodelle an der männlichen CD-Ratte eingesetzt, welche die beiden in Schüben verlaufenden, chronisch entzündlichen Darmerkrankungen Morbus Crohn und Kolitis Ulcerosa imitieren sollen. Das Trinitrobenzolsulfonsäure-Modell (TNBS-Modell) wird stellvertretend für den MC und das Dextransulfat-Natrium Modell (dextransulfate sodium model, DSS-Modell) stellvertretend für die CU eingesetzt. Durch die Gabe von Apfelmark, naturtrübem und klarem Apfelsaft beziehungsweise eines polyphenolfreien Ersatzgetränks vor und nach der Induktion der Entzündung soll der Einfluss der Säfte auf den Krankheitsverlauf ermittelt werden. Die Schwere der Entzündung wird hierbei durch Messung folgender Parameter bestimmt: Körpergewichtszunahme, Quotient aus Darmgewicht und Darmlänge, Myeloperoxidaseaktivität, Gehalten der Immunproteine Tumornecrosisfactor-α TNF-α Inducible protein 10 (Ip-10) und Transforming growth factor β1 (TGF-β1). Ergänzend wird der Zustand des Kolongewebes histologisch untersucht. Zudem wird die Gesamtleukozytenzahl und die Anzahl der Lymphozyten und Neutrophilen im Blut bestimmt. Schließlich wird der Darminhalt auf seinen Gehalt an kurzkettigen Fettsäuren hin untersucht.

In vitro wird der Einfluss verschiedener Apfelinhaltsstoffe und Apfelsaftextrakte auf die humane Monozyten-Makrophagenzelllinie Mono Mac 6 untersucht, die zuvor durch Stimulation mit Lipopolysaccharid (LPS) zur Produktion von Zytokinen angeregt wird.

2 Theoretische Grundlagen

2.1 Entzündung

Entzündungsreaktionen dienen dem Körper zum Schutz gegen Angriffe von außen und innen. Ziel einer Entzündung ist es, den Körper in eine erhöhte Abwehrbereitschaft zu versetzen, schädigende Einflüsse zu neutralisieren und die Integrität des Organismus wiederherzustellen. Entzündungen sind durch fünf klassische Symptome charakterisiert: Schmerz (Dolor), Wärme (Calor), Rötung (Rubor), Schwellung (Tumor) und Einschränkungen der Funktionsfähigkeit. Anatomisch zeichnet sich ein Entzündungsherd durch Dilatation der Gefäße, einen erhöhten Blutfluss und eine erhöhte Permeabilität der Gefäßwände mit Exudation von Plasmabestandteilen, der Adhärenz von Leukozyten an Endothelzellen und dem Einwandern von Leukozyten in das umgebende Gewebe aus.

Oftmals beruht eine Entzündung auf einer immunologischen Reaktion. Dies trifft umso mehr zu, je länger eine Entzündung andauert. Chronische Entzündungen treten dann auf, wenn das auslösende Agens nicht eliminiert werden kann, oder sich die Immunantwort verselbstständigt (Autoimmunreaktion) [20].

2.2 Immunsystem / Blut

Man kann Blut als eine Art flüssiges Transportgewebe sehen, dessen Interzellularsubstanz das Blutplasma darstellt. Die zellulären Bestandteile des Gewebes sind Rote Blutkörperchen (Erythrozyten), Weiße Blutkörperchen (Leukozyten) und Blutblättchen (Thrombozyten). Hauptaufgabe des Blutes ist neben dem Transport von Sauerstoff (Erythrozyten), Stoffwechselprodukten und Hormonen die Immunabwehr. Für letzteres sind die Leukozyten zuständig. Sie verrichten ihre Arbeit größtenteils außerhalb der Blutgefäße im Gewebe, in das sie infiltrieren [15].

Die zelluläre Zusammensetzung des Blutes wird ist in Tab. 1 dargestellt:

***Tab. 1:** Zelluläre Bestandteile des menschlichen Blutes [15]*

Blutzelle	Anzahl [1/µL]
Erythrozyten	4.500.000-5.500.000
Leukozyten	4.000-8.000
Thrombozyten	150.000-350.000

Die Leukozyten lassen sich wie in Tab. 2 dargestellt in folgende Gruppen einteilen:

***Tab. 2:** Leukozytenarten des menschlichen Blutes [15]*

Leukozytenart	Anteil [%]
neutrophile Granulozyten	60-70
eosinophile Granulozyten	2-3
basophile Granulozyten	0,5-1
Lymphozyten	20-30
Monozyten	4-5

Die weißen Blutkörperchen bilden zusammen mit den lymphpatischen Organen (Knochenmark, Thymus, Milz, Lymphknoten und Mandeln) das Immunsystem. Die Anzahl an Leukozyten, die beim gesunden Menschen zwischen 4.000 und 8.000 pro Mikroliter Blut schwankt, kann bei dem Vorliegen einer Entzündung deutlich über 10.000 pro Mikroliter Blut ansteigen. Je nach Art der Erreger ändert sich das Verhältnis der Leukozytenarten zueinander.
Die neutrophilen Granulozyten zählen zu den Zellen des unspezifischen Immunsystems (siehe folgender Abschnitt). Sie sind als erste am Ort der Entzündung und infiltrieren in das von der Entzündung betroffene Gewebe. Die Aufgrund ihrer Befähigung zur Phagozytose Fresszellen genannten neutrophilen Granulozyten machen mit Hilfe ihrer lysomalen Enzyme die phagozytierten Krankheitserreger unschädlich.

Die ebenfalls zur Phagozytose befähigten eosinophilen Granulozyten sind an allergischen Reaktionen beteiligt, indem sie von Mastzellen beziehungsweise basophilen Granulozyten freigesetztes Histamin binden und inaktivieren. Ihre Aufgabe ist es, allergische Reaktionen zu begrenzen.

Die basophilen Granulozyten machen nur einen sehr geringen Teil der Leukozyten aus. Sie enthalten hauptsächlich Histamin und Heparin. Histamin ist an der Auslösung allergischer Sofortreaktionen beteiligt, Heparin wirkt der Blutgerinnung entgegen [15].

Die Vorläufer der Mononukleären Phagozyten reifen im Knochenmark zu Monozyten heran und zirkulieren als solche im Blut. In den Geweben findet man sie als Makrophagen wieder. Ihre Hauptaufgabe ist die Phagozytose. So tragen sie wesentlich zur intrazellulären Ausschaltung von Mikroorganismen (Viren, Bakterien, Protozoen und Pilzen), von veränderten bzw. geschädigten Zellen, von Zelldepris und Immunkomplexen (IK) bei. Die von Makrophagen sezernierten Zytokine tragen sowohl zur Differenzierung als auch zur Modulation der funktionellen Aktivität verschiedener Zelltypen bei [35].
Neben den bereits erwähnten Produkten führen Granulozyten und Makrophagen zur Produktion von Eicosanoiden (Leukotriene, Prostaglandine, Thromboxane), die für das Auftreten typischer Entzündungserscheinungen verantwortlich sind [15].

Das Immunsystem besteht aus zwei Teilen: dem unspezifischen und dem spezifischen Immunsystem. Zu beiden Systemen gehören Zellen (zelluläre Abwehr) und lösliche Faktoren (humorale Abwehr).
Durch die unspezifische Immunabwehr werden erste Abwehrmaßnahmen ergriffen. Die wichtigsten hieran beteiligten Zellen sind neutrophile Granulozyten, Monozyten und Makrophagen. Ihre Aufgabe ist es, körperfremdes Material zu phagozytieren und es unschädlich zu machen, wobei die typischen Entzündungsmerkmale entstehen (siehe Kapitel 2.1).
Das Abtöten von körperfremdem Material ist zum Teil abhängig von der Produktion toxischer Produkte aus dem Sauerstoffmetabolismus. Zu den reaktiven Sauerstoffspezies (reactive oxygen species, ROS) zählen das Superoxidanion (O_2^-), das Hydrogenperoxid (H_2O_2), das Hydroxylradikal (OH·), der Singulettsauerstoff ($^1O_2$) und das Stickstoffmonoxidradikal (NO·), auf die in Kapitel 2.5.1 näher eingegangen werden soll. Unter den Phagozyten zählen die neutrophilen Granulozyten zu den potentesten Produzenten von ROS, aber auch eosinophile Granulozyten und Monozyten sind in der Lage ROS zu produzieren.
Monozyten und Makrophagen produzieren zusätzlich eine Vielzahl löslicher Faktoren (Zytokine; humorale Abwehr), die zur Infiltration und Aktivierung weiterer Zellen der unspezifischen Immunabwehr führen. Zytokine sind zuckerhaltige Proteine (Glykoproteine), die neben Monozyten und Makrophagen von T-Zellen (siehe folgender Abschnitt) exprimiert werden. Sie besitzen vielfältige proinflammatorische und antiinflammatorische Eigenschaften und wirken so regulatorisch auf das Immunsystem. Man unterscheidet folgende Gruppen von Zytokinen: Interferone (immunstimulierend), Interleukine (dienen der Kommunikation der Immunabwehrzellen untereinander), Tumornekrosefaktoren (immunstimmulierend,

regulatorisch) und koloniestimmulierende Faktoren (Wachstumsfaktoren der roten und weißen Blutkörperchen).

Das spezifische Immunsystem greift ein, wenn nicht alle Erreger durch das unspezifische Immunsystem ausgeschaltet werden können. Es besteht aus T-Lymphozyten (zelluläre Abwehr) und B-Lymphozyten (produzieren lösliche Faktoren; humorale Abwehr). Die spezifische Immunabwehr umfasst Mechanismen, die jeweils gegen einen bestimmten Erreger gerichtet sind. Die spezifische Immunität ist im Gegensatz zur unspezifischen Immunität nicht angeboren, sondern erlernt.

Die Makrophagen stellen ein Bindeglied zwischen unspezifischer und spezifischer Abwehr dar. Nachdem sie einen Erreger (Antigen) phagozytiert haben fusionieren sie bestimmte Proteine des Erregers mit einem eigenen Protein, dem major histocompatibility complex (MHC) und bauen sie in ihre Zellmembranen ein. Auf diese Weise präsentieren sie den T-Lymphozyten die Antigen-Proteine (Antigenpräsentation) [64].

Der MHC umfasst drei Genkomplexe: Klasse-I-, Klasse-II- und Klassse-III-Gene. Antigene, die MHC-Klasse-I-Restriktion zeigen sind vorwiegend intrazellulär synthetisierte, endogene, vor allem virale Antigene. Die Antigene werden im Zytosol oder raues endoplasmatischen Retikulum (RER) verarbeitet und reagieren mit MHC-Klasse-I Molekülen. Der dabei entstandene Peptidkomplex wird auf der Plasmamembran der Makrophagen den CD_8^+ T-Zellen präsentiert. Bei Antigene, die MHC-Klasse-II Restriktion zeigen, handelt es sich vor allem um von außen eindringende, exogene Stoffe. Sie werden durch APC aufgenommen und in den Phagolysosomen zu Peptiden abgebaut, wo sie anschließend mit MHC-Klasse-II-Molekülen reagieren. Die von den MHC-Klasse-II-Molekülen gebundenen Peptide werden auf der Oberfläche der APC den CD_4^+ T-Helferzellen präsentiert. MHC-Klasse-III-Moleküle finden sich vor allem im Plasma und scheinen weder zur Kontrolle noch als Transplantationsantigene zu funktionieren [35].

Um ihre Immunkompetenz zu erlangen müssen die im Knochenmark gebildeten Lymphozyten geprägt werden. Die T-Lymphozyten erfahren ihre Prägung im Thymus. Die T-Zellreifung gipfelt in der Expression des antigenspezifischen T-Zellrezeptor (TCR). Von den bisher identifizierten zwei Typen von TCR kann eine T-Zelle immer nur einen Rezeptortyp exprimieren., entweder $\alpha\beta$ oder $\gamma\delta$. Der TCR findet sich niemals allein, sondern immer in nicht kovalenter Bindung mit dem cluster-disignation-complex 3 (CD_3-Komplex). Der CD_3-Komplex wird von allen reifen T-Zellen exprimiert und dient der Übertragung von Signalen in das Zellinnere. Unterteilt man die T-Zellen aufgrund ihrer Funktionen, so kann man vier große Subklassen unterscheiden: T-Helferzellen (T_H), T-Killerzellen (T_K), T-Supressorzellen und Zellen, die einen Verspäteten Typ der Hypersensibilisierung (Delayed Typ of Hypersensitivity, DTH) vermitteln. Für die T_H gibt es eine einheitliche Nomenklatur: Das cluster-designation-system (CD-System). Je nachdem welche Gruppe von Antigenen eine T_H-Zelle trägt wird sie als CD_1, CD2 usw. bezeichnet [35, 64].

Die Subpopulationen der T-Zellen exprimieren unterschiedliche CD-Moleküle. Während T_H CD_4 exprimieren, exprimieren zum Beispiel T_K CD_8 [35].

Da CD_4^+-T-Zellen für die bei CED vorliegende Entzündung von besonderer Bedeutung sind, soll an dieser Stelle näher auf sie eingegangen werden. Die CD_4^+-T-Zellen können entsprechend dem von ihnen produzierten Zytokinprofil in verschiedene Gruppen eingeteilt werden: T_{H1} (IFN-γ, TNF-α), T_{H2} (IL-4, IL-5, IL-6, IL-13), T_{H3} (TGF-β) und T-regulatorische Zellen (IL-10). Die T_{H2} fördern in erster Linie Proliferation, Wachstum, Differenzierung und Produktion von spezifischen Antikörpern in B-Zellen. Sie sind also die eigentlichen T-Helferzellen. T_{H1} sind dazu viel weniger oder gar nicht in der Lage, können jedoch *in vivo* eine DTH auslösen und *in vitro* unter bestimmten Bedingungen MHC-Klasse-II-positive Zellen zerstören. Die T_H binden an das MHC-Fragment der Antigenpräsentierenden Zelle (antigen presenting cell, APC). Die dadurch aktivierten T_H senden Signale (Zytokine; humorale Abwehr) aus und beschleunigen so ihre eigene selektive klonale Vermehrung. Gleichzeitig bindet die T_H an B-Lymphozyten, die das MHC Signal an ihrer Oberfläche präsentieren [20, 35, 64].

B-Lymphozyten erfahren ihre Prägung im Knochenmark (bone marrow). Auf ihrer Oberfläche sind Antikörper der Klasse IgM (Immunglobulin M; Frühantikörper) verankert, die an das ihnen entsprechende Antigen binden. Der Antigen-Antikörperkomplex wird aufgenommen (zelluläre Abwehr), und an ein MHC-Fragment gekoppelt an der Oberfläche der B-Lymphozyten präsentiert. An dieses MHC-Fragment bindet die aktivierte T_H, woraufhin Zytokine ausgeschüttet werden, die die selektive klonale Vermehrung der B-Lymphozyten und ihre Umwandlung in antikörperproduzierenden Plasmazellen stimulieren. Dieser Vorgang spielt sich hauptsächlich in den sekundären lymphpatischen Organen (Lymphknoten, Mandeln) ab. Jeder B-Lymphozyt produziert nur einen speziellen Antikörper, der nur an ein spezielles Antigen binden kann. Bei diesen Antikörpern handelt es sich um Immunglobuline der Klassen A, D, E, G und M, die ins Blut abgegeben werden (humorale Abwehr). Immunglobuline sind lösliche Proteine. Die jedem Immunglobulin zugrunde liegende Struktur umfasst zwei identische schwere und leichte Polypeptidketten, die durch Disulfidbrücken und nichtkovalente Kräfte zusammengehalten werden. Die leichten Ketten sind bei allen Ig-Klassen gleich, während die schweren Ketten bei jeder Ig-Klasse anders aufgebaut sind. Die schweren Ketten bestehen aus konstanten und variablen Regionen. Die einzelnen Ig- Klassen unterscheiden sich deutlich im Aufbau der konstanten Bereiche. Die variablen Regionen sind bei jedem Antikörper anders aufgebaut. Die Aufgabe der Immunglobuline ist es, das Antigen für seinen Abbau zu markieren (Opsonierung) und das Komplementsystem zu aktivieren [35, 64].

Das Komplementsystem ist ein aus etwa 21 Glykoproteinen bestehendes Enzymsystem. Die Einzelkomponenten werden vor allem in den Hepatozyten, den Epithelzellen des Magen-Darm- und des Genitaltraktes, den Makrophagen und Fibroblasten synthetisiert. Komplement kann im Verlaufe von nicht immunologischen Prozessen (bakterielle Polysaccharide, Liposaccaride) als auch während einer spezifischen Immunantwort in festgelegter Reihenfolge aktiviert werden. Im Verlauf der Aktivierung von Komplement entstehen Enzymkomplexe und Spaltprodukte, die biologische Effekte vermitteln. Durch die Aktivierung von Komplement, die auf dem klassischen Weg (über C1) und auf dem alternativen Weg (über C3) erfolgen kann werden folgende Funktionen erfüllt:

1. Aktivierung, von Phagozyten (Neutrophile Granulozyten, Makrophagen), Chemotaxis
2. Opsonisation, Begünstigung der antikörperabhängigen Phagozytose (Bakterien, IK)
3. Modulierung (Solubilisierung) und Transport von IK
4. Bildung von Anaphylatoxinen und Freiwerden von Histamin; aktiviert die Arachidonsäurekaskade
5. Elimination von Zielzellen (Zytolyse)

Durch die Freisetzung von Histamin kommt es über die Aktivierung der Phospholipase A_2 zur Aktivierung der Arachidonsäurekaskade deren Endprodukte Leukotriene (Chemotaxis, Kontraktion glatter Muskulatur), Prostaglandine (Vasodilatation, Stimulation von cAMP) und Thromboxane (Vasokonstriktion, Plättchenaggregation) sind [35].

In aktivierten Immunzellen kommt es wie schon erwähnt unter anderem über das Komplementsystem zur Aktivierung verschiedener Phospholipasen (PL). Das an der Zellinnenschicht der Zellmembranen enthaltene Phosphatidylinositol-4,5-Biphosphat wird dabei durch PL-Cβ zu Phosphatidylinositol-1,4,5-Triphosphat (IP_3) und Diacylglycerin (DAG) gespalten, die beide als parallele second Messenger unterschiedliche Wirkungen haben und zum Teil kooperieren. DAG bleibt in der Zellmembran, wo es zwei Funktionen erfüllt. Zum einen wird es durch PLA_2 zu Arachidonsäure umgewandelt und führt über diesen Weg zur Bildung von Eicosanoiden, zum anderen aktiviert es die Proteinkinase C (PKC). PKC löst eine ganze Kaskade von Phophorylierungen von Proteinen aus, durch die schließlich

eine Mitogen-aktivierte-Proteinkinase (MAPK) phosphoryliert wird, die in den Zellkern gelangt und dort unter anderem den Transkriptionsfaktor NF-κB freisetzt [35, 71].
Die Eliminierung des Antigen-Antikörperkomplexes erfolgt unspezifisch. T_{H1}, T_K und Phagozyten (neutrophile Granulozyten, basophile Granulozyten, eosine Granulozyten, Monozyten und Makrophagen) können die von B-Lymphozyten opsonierten Antigene erkennen und abbauen. Beim ersten Antigenkontakt bilden die Plasmazellen IgM (Primärantwort). Im weiteren Verlauf der Immunreaktion stellen die Plasmazellen auf IgG-Produktion um, was bei einem erneuten Antigenkontakt eine schneller und länger andauernde Immunantwort hervorruft.
Ein Teil der stimulierten Lymphozyten (B-Lymphozyten, T_H-Zellen und T-Killerzellen) wandelt sich in sogenannte Gedächtniszellen um. Sie können jahrelang aktiv sein und sorgen dafür, dass der Organismus bei erneutem Kontakt mit dem Antigen schneller und effektiver reagiert, so dass eine erneute Erkrankung ausbleibt oder schwächer ausfällt [64, 35].

2.2.1 Tumornekrosefaktor

Die Tumornecrosis factor family (TNF) beinhaltet zwei strukturell und funktionell verwandte Proteine; TNF-α auch Catechin genannt und TNF-β auch Lymphotoxin genannt. TNF-α wird hauptsächlich von Monozyten und/oder Makrophagen aber auch von T_{H1} produziert [77].
TNF-α und TNF-β sind Hauptentzündungszytokine. TNF-α ist hauptverantwortlich für septische Schocks, die Infektionen mit gram negativen Bakterien folgen [77]. In vielen Zelltypen führt TNF zur Freisetzung von Arachidonsäure und zur Sekretion von Prostaglandinen (PG), (insbesondere PGE_2) und Eicosanoiden [16].
Das TNF-α und das TNF-β Gen sind beim Menschen auf dem kurzen Arm des Chromosoms 6 lokalisiert. Bei murinen Tieren befinden sich die Gene auf Chromosom 17. In allen untersuchten Spezis (Mensch, Murin, Hase) befindet sich das TNF-β Gen immer in 5' Position zum TNF-α Gen [77].
Beide Gene haben eine ungefähre Größe von 3 kBp. Sie bestehen aus vier Exons und drei Introns. Während die beiden Gene eine hohe Homologenität zeigen (80-89 %) gibt es in den 5' Regionen vor den beiden Genen, die für die Regulation der Transkription verantwortlich sind, eine geringe Homologenität [77].

TNF-α ist in einer größeren Anzahl Zellen induzierbar als TNF-β. Manche Zellen können so stimuliert werden, dass sie beide Formen von TNF exprimieren. LPS induziert die transkriptionelle Aktivierung des TNF-α Gens [77].
Das humane, aktive TNF-α Protein besteht aus 157 Aminosäuren (AS) (156 Ratte, Maus). Das humane, aktive TNF-β Protein besteht aus 171 AS.
Unter denaturierenden Bedingungen zeigen die Proteine ein Molekulargewicht von 17 (TNF-α) bzw. 25 kDa (TNF-β). TNF-α kann auch in einer unprozessierten, membrangebundenen Form vorkommen, die ein Molekulargewicht von 26 kDa zeigt.
In nativem Zustand kommen beide Proteine als Trimere mit einem Molekulargewicht von 45 kDa (TNF-α) und 65 kDa (TNF-β) vor. Im Gegensatz zu TNF-α trägt TNF-β jedoch eine N-Glykosylierung. Die 34 AS lange Presequenz von TNF-β zeigt charakteristische Eigenschaften von Signalpeptidsequenzen sekretorischer Proteine. Sie ist sehr hydrophob und besitzt geladene Reste am Aminoterminus. TNF-α besitzt eine 76 AS lange Presequenz die sowohl hydrophobe als auch hydrophile Regionen besitzt. Die 17 kDa Form von TNF-α entsteht aus der 26 kDa Form, der integralen, transmembranen Form des TNF-α Proteins, durch proteolytischen Abbau (eventuell Serin Protease beteiligt) [16, 77].
Die hydrophobe Region zwischen AS –44 und –26 der Presequenz stellt die Transmembrandomäne dar. Während der Abschnitt zwischen AS –76 und –50 ins Zytoplasma der Zelle hineinragt. In der Region zwischen AS –14 und –1 findet der proteolytische Abbau statt aus dem die lösliche Form des TNF-α mit 17 kDa hervorragt. Bei der humanen Form des TNF-α findet der Abbau zwischen AS –1 uns 1 (Alanin –1/ Valanin +1) statt [77]. In Abb. 1 ist die Tertiärstruktur von TNF-α dargestellt:

Abb. 1: *Tertiärstruktur von TNF-α*

Für TNF-α gibt es zwei Rezeptoren; einen 55 kDa und einen 75 kDa Rezeptor. Die extrazelluläre Wirkung der beiden Rezeptoren ist dieselbe. Intrazellulär werden jedoch je nach Rezeptor unterschiedliche Signalwege aktiviert. Für die hochspezifische Bindung von TNF-α ist es wichtig, dass die Zellen beide Rezeptorformen exprimieren. Produziert eine Zelle nur einen der beiden Rezeptoren kann TNF-α seine volle biologische Aktivität nicht entfalten. Jeder der beiden Rezeptoren hat die gleiche Affinität für TNF-α und TNF-β [16, 77].

2.2.2 Inducible protein 10

Durch Interferon γ werden bestimmte humane und animale Gene aktiviert. Ein Produkt eines dieser Gene ist Inducible protein 10 (Ip-10). Die Expression von Ip-10 ist eine frühe Antwort des primären Immunsystems, so dass es als Intermediator für Interferon-Gamma (IFN-γ) wirkt [9, 41].

Es wird von Mononuklearen Zellen, Kreatinizyten, Fibroblasten, Endothelzellen und T-Zellen exprimiert [9, 25, 41].

Bei Ip-10 handelt es sich um ein 10 kDa großes Protein. Es besteht aus 98 AS und hat an seinem N-Terminus eine 21 AS lange Presequenz. Es kommt in glykosylierte Form mit einem Molekulargewicht von 20 kDa vor. Das aktive Protein wird durch Peptidaseabbau gewonnen und besteht aus 77 AS [54]. Die aktive Form des Proteins ist in Abb. 2 dargestellt:

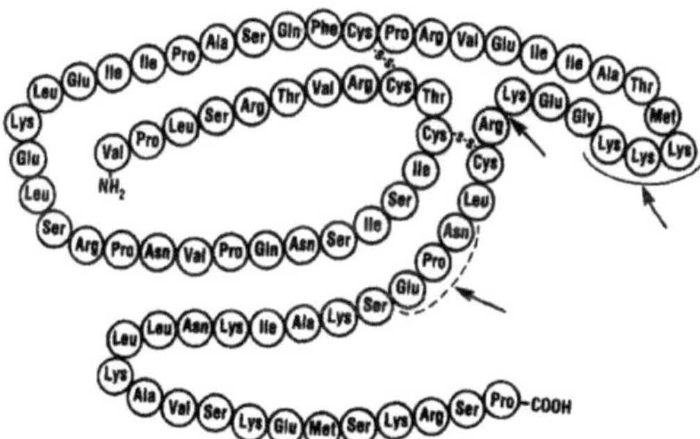

Abb. 2: *Primärstruktur von IP-10*

Das Protein besitzt zwei Disulfidbrücken. Eine zwischen Cys 9 und Cys 36 und eine zwischen Cys 11 und Cys 53 [41].

Ip-10 bindet an den CXCR3 Rezeptor exprimierende T-Lymphozyten. Untersuchungen ergaben, dass CXCR3 exprimierende T-Zellen ein klassisches T_{H1} Zytokinprofil exprimieren, so dass davon auszugehen ist, dass Ip-10 selektiv T_{H1} Lymphozyten mobilisiert [25, 41].
Es wurde bereits berichtet, dass Ip-10 an chronischen Entzündungen wie CED beteiligt ist. Inatomi et al. fand heraus, dass die durch IFN-γ induzierte Sekretion von Ip-10 nicht durch Acetat und Propionat, wohl aber durch Butyrat beeinflussen lässt [25].

2.2.3 Transforming growth factor β1

Tumor growth factor β1 (TGF-β1) wird als 390 AS großes Protein exprimiert. Es besteht aus einer 29 AS langen Signalsequenz und dem 361 AS langen Vorläuferprotein. Das aktive Protein wird durch Proteolyse des Vorläuferproteins erhalten. Das aktive Protein besteht aus den 112 AS des C-Terminus des Vorläuferproteins und hat ein Molekulargewicht von 25 kDa. Es liegt als dimeres Protein vor, dessen beide Untereinheiten durch Disulfidbrücken miteinander verbunden sind. [8].
Die Expression von TGF-β1 wird hauptsächlich durch drei activated protein 1 (AP-1) bindende Seiten, die in den beiden Promotorregionen des TGF-β1 Gens lokalisiert sind gesteuert. Die Retinalsäurerezeptoren α und β und der Retinoid-X-Rezeptor-α inhibieren die Induktion dieses Promotors [57].
TGF-β1 inhibiert die Proliferation normaler Epithelzellen verstärkt aber die Zellproliferation mesenchymaler Gewebezellen. Im Gastrointestinaltrakt inhibiert TGF-β1 das epitheliale Wachtum in allen Darmabschnitten vom Duodenum bis zum Kolon. Im gesunden Gastrointestinaltrakt befindet sich TGF-β1 hauptsächlich in den differenzierten, sich nicht teilenden Zellen der Villispitzen. Faktoren, die die TGF-β1 Expression stimulieren sind TGF-β1 selbst, TNF-α und Komponenten der extrazellulären Matrix [57].
Bisherige Forschungen haben gezeigt, dass TGF-β1 einen großen Einfluss auf die Wundheilung hat. In einem *in-vitro* Modell stimulierte TGF-β1 die Migration von Laminin, aber nicht die von Collagen, was darauf hindeutet, dass TGF-β1 selektiv in spezifische Phasen der mukosalen Heilung eingreift. TGF-β1 inhibiert die Proliferation intestinaler Epithelzellen nach einer Verletzung, aber fördert paradoxerweise die Wundreparatur durch Stimulation der Zellmigration in die betroffenen Bereiche [57].
TGF-β1 unterdrückt die systemische Immunantwort und stimuliert die kokale Immunantwort. TGF-β1 aktiviert Neutophile, Monozyten und Lymphozyten durch Chemotaxis, erleichtert die

Adhäsion von Leukozyten an die Gefäßwände und stimuliert Monozyten zur Sekretion proinflammatorischer Zytokine. Sowohl in Monozyten als auch in Lymphozyten aktiviert TGF-β1 die Zellen eine inflammatorische Antwort zu geben. Proinflammatorische Effekte von TGF-β1 beinhalten die Steigerung der IL-6 Sekretion durch intestinale Epithelzellen [57].

2.2.4 Myeloperoxidase

Ein charakteristisches Enzym der neutrophilen Granulozyten ist die Myeloperoxidase (MPO). Außer in den Neutrophilen kommt MPO auch in Monozyten und Makrophagen vor, wobei es hier in wesentlich geringeren Konzentrationen vorliegt. Bei dem Enzym handelt es sich um ein tetrameres, membranständiges Protein, das aus zwei α und zwei β Ketten besteht (α_2 β_2) [85]. Die Tertiärstruktur von MPO ist in Abb. 3 dargestellt:

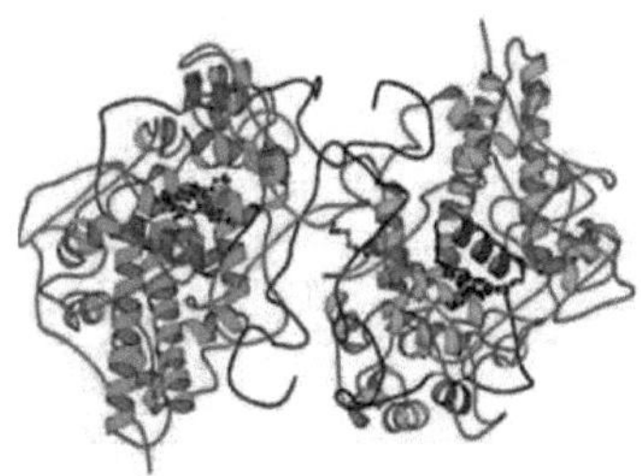

Abb. 3: *Tertiärstruktur von Myeloperoxidase*

Die schwere Kette des Proteins hat ein Molekulargewichtvon 15 kD, die leichte Kette von 60 kD. Die mRNA des MPO kodiert ein Protein von 80 kD, das nach Glykosylierung und Proteolyse in den basophilen Granula der Neutrophilen gespeichert wird. Bei Monozyten findet die Speicherung in den Lysosomen statt [65].

Myeloperoxidase ist ein eisenhaltiges Hämprotein mit antimikrobieller Aktivität, die hauptsächlich auf der Oxidation von Halogenenionen, speziell auf der Entstehung von hypochloriger Säure aus Chlorid und H_2O_2 beruht, die zu verschiedenen anderen Produkten weiterreagiert zu denen unter anderem Singulettsauerstoff ($^1O_2$) gehört. Das benötigte H_2O_2 entsteht bei der Dismutation von Superoxidradikalanionen durch die neutrophileneigene NADPH-Oxidase [85].

Die entsprechenden Reaktionen sind in Abb. 4 dargestellt:

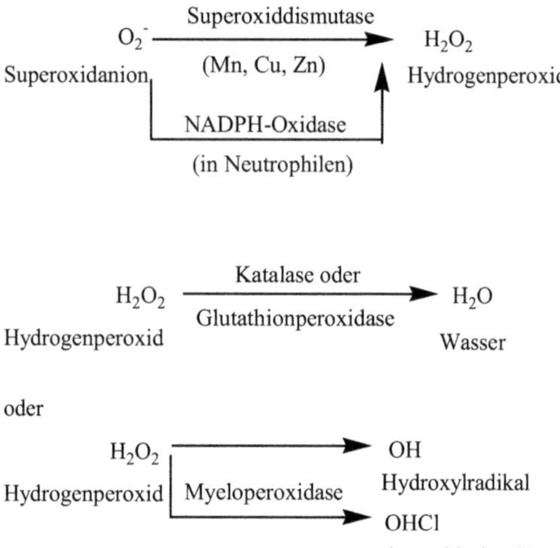

Abb 4: *Oxidation von Halogenen [23]*

Die bei der Oxidation der Halogenionen entstehenden Produkte sind in der Lage bakterielle Proteine, DNA, NADH und ATP zu halogenieren. Diese Halogenierungsreaktionen führen zu irreversibelen Schäden und schließlich zum Zelltod, der vermutlich über die Decarboxylierung von Aminosäuren und oxidativen Peptidabbau verläuft [4].

2.3 Darm

Im Darm findet die eigentliche Verdauung der Nährstoffe statt. Der Darm besteht aus zwei Teilen, dem Dünndarm (Intestinuum tenue, Enteron)und dem Dickdarm (Intestinuum crassum).

Von innen nach außen zeigt die Darmwand folgenden Aufbau:

Tunica mucosa (Schleimhaut)

Lamina epithelialis (Schleimhautepithel)

Lamina propria (Schleimhautbindegewebe)

Lamina musuclaris mucosae (Schleimhautmuskulatur)

Tela submucosa (bindegewebige Verschiebeschicht)

Tunica musuclaris (Muskelschicht)

Stratum ciruclare (Ringmuskelschicht)

Stratum longitudiale (Längsmuskelschicht)

Tunica serosa

Zwischen Tela submucosa und Tunica musuclaris verläuft ein Nervengeflecht, der Plexus submucosus (Meissner-Plexus). Ein weiteres Nervengeflecht, der Plexus Myenterius (Auerbach-Plexus) verläuft zwischen Stratum circulare und Stratum longitudiale [31]. Abb. 5 zeigt einen schematischen Querschnitt durch die menschliche Darmwand:

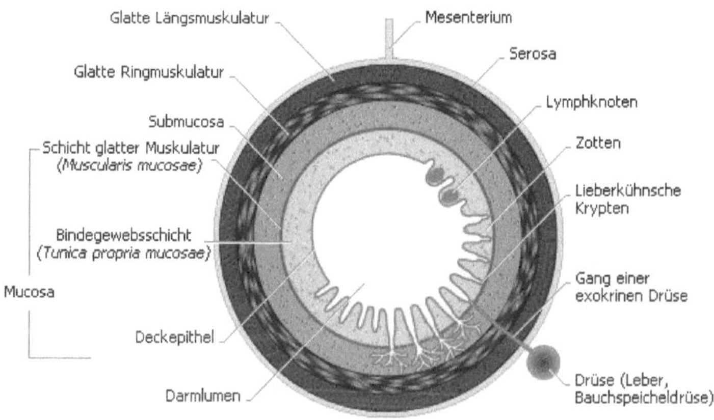

Abb. 5: *Schematischer Querschnitt durch die menschliche Darmwand*

Abb. 6 zeigt in einem Querschnitt durch das Kolon der Ratte (Histologisches Präparat; Hämatoxilin-Eosin gefärbten Parafinschnitt):

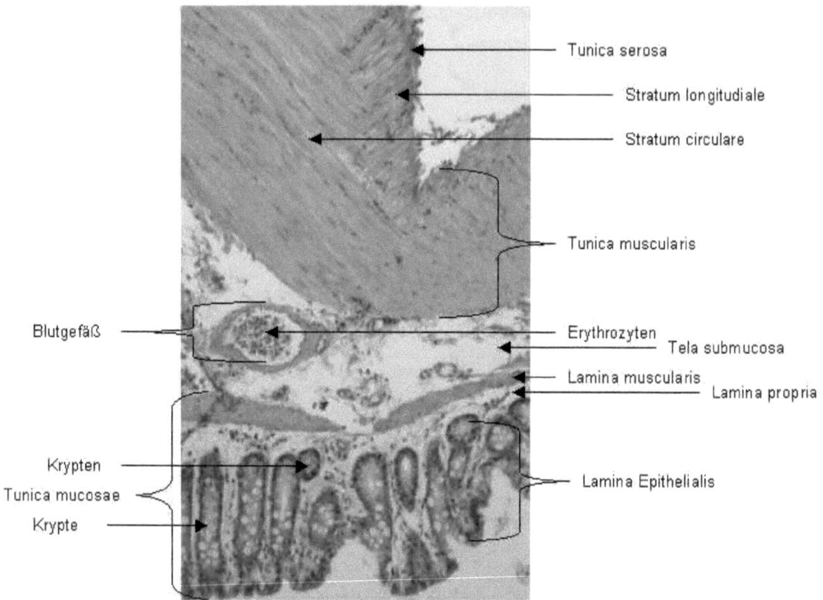

***Abb. 6:** Querschnitt durch das Kolon der Ratte (histologisches Präparat)*

2.3.1 Dünndarm

Im Dünndarm (Intestinuum tenue, Enteron) findet die Verdauung der Nahrung und die Resorption der Nährstoffe statt. Der Dünndarm eines erwachsenen Menschen hat eine Länge von 3-4 m und gliedert sich in drei Abschnitte: Den 25-30 cm langen Zwölffingerdarm (Duodenum), den 1,5 m langen Leerdarm (Jejunum) und den 2 m langen Krummdarm (Ileum).

In Abb. 7 ist der menschliche Gastrointestinaltrakt dargestellt:

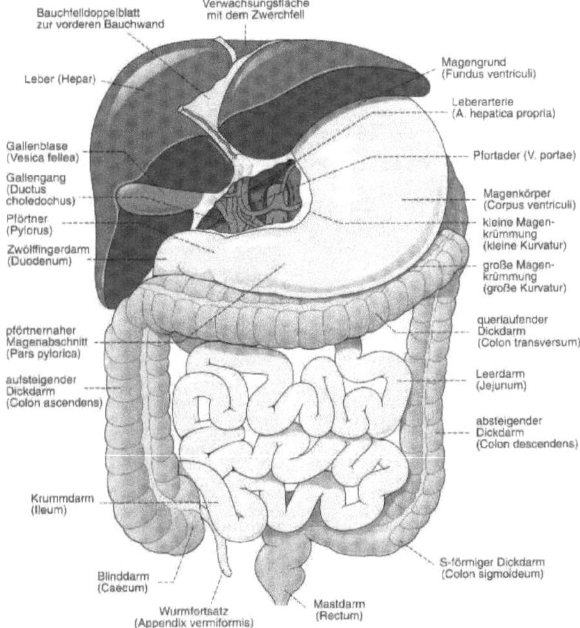

Abb. 7: *Menschlicher Gastrointestinaltrakt*

Das Duodenum hat die Form eines C, das um den Kopf der Bauchspeicheldrüse (Pankreas) herumläuft. Es gliedert sich in folgende Abschnitte: Pars superior, Pars descendens und Pars ascendens. In den Pars descendens münden der Pankreas- und der Gallengang.

Das Jejunum hat zahlreiche Falten und Zotten, die gegen das Ileum an Zahl und Höhe abnehmen, während die Krypten tiefer werden. Im Ileum verschwinden die Falten und Zotten allmählich, das lymphpatische Gewebe nimmt zu. Es bildet an der dem Mesenterialansatz gegenüberliegenden Seite 20-30 Lymphfollikel, Folliucli lymphatici oder Peyer-paques genannt [31].

Die Schleimhaut des Dünndarms weist eine starke Vergrößerung der Oberfläche auf, wodurch eine große Kontaktfläche zwischen dem Chymus (Speisebrei) und den resorbierenden Zellen hergestellt wird, die die Nährstoffresorption erleichtert. Eine dreimalige Vergrößerung der Oberfläche entsteht durch die zirkulären Schleimhautfalten (Kerckring-Falten). Auf diesen Falten befinden sich fingerförmige etwa 1 mm hohe Zotten, so dass die Oberfläche um den

Faktor 30 vergrößert wird. Das Epithel der Zotten besteht hauptsächlich aus Saumzellen (Enterozyten) zwischen die vereinzelt schleimproduzierende Becherzellen (Thekazellen) eingestreut sind. Des Weiteren finden sich Gruppen von Panethkörnerzellen und hormonproduzierenden basalgekörnten Zellen im Epithel. Die Enterozyten tragen an der lumenständigen Seite dicht beieinanderstehende fingerförmige Fortsätze, Mikrovilli oder Bürstensaum genannt, die die lumenständige Oberfläche um den Faktor 600 vergrößern. Die Gesamtoberfläche des Dünndarms beträgt ungefähr 200 m^2. Die Zotten sind von einem feinen Netz aus Lymph- und Blutgefäßen durchzogen. Sie dienen der Immunabwehr, Blutversorgung und Nährstoffaufnahme [15, 31].

2.3.2 Dickdarm

Der beim Menschen 1,5-1,8 m lange Dickdarm (Intestinum crassum) enthält unverdauliche Nahrungsbestandteile, die durch die reichlich anwesenden Bakterien zersetzt werden (Gärung, Fäulnis; siehe Kapitel 2.7.3.1). Die Hauptaufgabe des Dickdarms besteht in der Rückresorption von Wasser und Salzen.

Der Dickdarm gliedert sich in folgende Abschnitte: Blinddarm (Caecum), Grimmdarm (Colon), Sigmoid (Colon sigmoidum) und Mastdarm (Rectum). Im rechten Unterbauch mündet das Ileum in den durch die Dickdarmklappe (Valva ileocaecalis) vom Dünndarm getrennten Dickdarm. Unterhalb der Dickdarmklappe buchtet sich nach unten der Blinddarm aus. Aus ihm hängt der etwa 8 cm lange und 0,5-1,0 cm dicke Wurmfortsatz (Appendix vermiformis). Das Kolon umgibt den Dünndarm wie einen Rahmen. Es beginnt auf der rechten unteren Bauchseite mit dem aufsteigenden Teil (Colon ascendens), der unterhalb der Leber nach links umbiegt (Flexus colidextra) und sich in einem querverlaufenden Teil (Colon transversum) fortsetzt. An der linken Dickdarmkrümmung (Flexura coli sinestra) biegt er nach unten ab. Der absteigende Teil (Colon descendens) mündet in das s-förmig gekrümmte Colon sigmoidum, das sich in dem etwa 15 cm langen Rektum fortsetzt, das mit dem Anus endet.

Die Schleimhaut des Dickdarms weist eine wesentlich geringere Oberflächenvergrößerung als die Dünndarmschleimhaut auf. Zotten fehlen, die Oberfläche wird ausschließlich durch tiefe Einsenkungen (Lieberkühn-Krypten) vergrößert. Das Schleimhautepithel des Dickdarms besteht überwiegend aus schleimbildenden Becherzellen [15]. Abb. 8 zeigt den menschlichen Dickdarm:

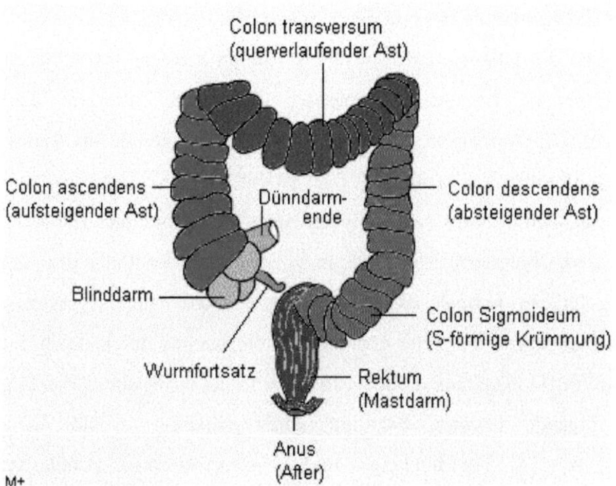

***Abb. 8:** Menschlicher Dickdarm*

2.4 Verdauung

Neben dem Zerkleinern, Durchmischen und Transportieren besteht die Hauptaufgabe des Gastrointestinaltraktes darin komplexe Nahrungsbestandteile in resorbierbare Einheiten zu spalten.

Die Verdauung der Nährstoffe beginnt bereits in der Mundhöhle wo komplexe Kohlenhydrate wie Stärke durch Amylase in Oligisaccaride (Maltose, Maltotriose, α-Grenzdextrine) gespalten werden. Der mit dem Speichel vermischte Nahrungsbrei erreicht durch die Speiseröhre (Ösophagus) den Magen [71].

Durch den bei eintreffen des Nahrungsbreis absinkenden pH-Wert des Magens werden die im Nahrungsbrei enthaltenen Proteine denaturiert. Durch Pepsine werden die Proteine in kleinere Peptide gespalten.

Im Dünndarm findet die eigentliche Verdauung statt. Nach der Neutralisation des Nahrungsbreis durch das im Pankreassaft enthaltene Bicarbonat werden die Peptidketten durch ebenfalls im Pankreassaft enthaltene Peptidasen (Trypsin, Chymotrypsin) über Oligopeptide zu Tripeptiden, Dipeptiden und Aminosäuren abgebaut, die anschließend im

Duodenum und Jejunum über spezielle Carrier resorbiert werden. Im Duodenum gelangen mit dem Pankreassaft weitere Amylasen in den Chymus, so dass der Kohlenhydratabbau der verdaulichen Kohlenhydrate bis zur Stufe der Oligosaccaride zum Abschluss kommt. Da die Resorption der Kohlenhydrate in Form der Monosaccharide Glukose, Fruktose und Galaktose stattfindet müssen die Oligosaccaride weiter gespalten werden. Dazu dienen Enzyme der Bürstensaummembran (Lactase, Saccherase, Trehalase, Maltase, Isomaltase und Grenzdextrinase). Die Aufnahme der Monomere findet im Duodenum und Jejunum durch spezielle Transportproteine statt (SGLT-1, Glut 1-Glut 5) [71].

Fett wird hauptsächlich in Form von Triglyceriden zu sich genommen (90 %). Dazu kommen Phospholipide und Cholesterinester. Eine enzymatische Aufspaltung der Nahrungsfette ist Vorraussetzung für eine normale Absorption. Für eine optimale Enzymeinwirkung ist eine mechanische Emulgierung der Fette erforderlich, die hauptsächlich durch die Motorik des Magens erfolgt. Im Duodenum und oberen Jejunum findet die Spaltung der Triglyceride statt. Daran sind folgende Enzyme beteiligt: Pankreaslipase (1. und 3. Esterbindung), Phospholipase A_2 (2. Esterbindung) und Carboxylesterase (Cholesterinester). Die freigewordenen Fettsäuren bilden mit den Gallensalzen (Cholsäure, Desoxycholsäure, Litocholsäure) Mizellen. Die Mizellen können aufgrund ihrer Lipohpilie mit der Bürstensaummembran in Kontakt treten und werden durch einen passiven Prozess aufgenommen. Die Resorption ist am Ende des Jejunums abgeschlossen. Die freiwerdenden Gallensalze werden im Ileum rückresorbiert [71].

Die Hauptaufgabe des Dickdarms ist die Resorption von Mineralien und die Rückresorption von Wasser, was mit der Konzentrierung des Darminhalts einhergeht. Unverdauliche Nahrungsbestandteile (Ballaststoffe) werden im Dickdarm durch Bakterien abgebaut (siehe Kapitel 2.7.3.1). Die Mikroorganismenbesiedlung des Dickdarms eines Menschen weist eine beträchtliche Konztanz auf, während sich die Darmflora verschiedener Menschen je nach Ernährungsgewohnheiten stark unterscheiden kann. Die Bakterienmasse macht etwa 40 % des Darminhalts im Kolon aus und zeigt hier mit 10^{11} Keimen/g die höchste Dichte. Etwa 300 bis 400 verschiedene Keimspezies konnten bislang identifiziert werden, wovon circa 90 % Anaerober sind. Dominant sind die Bacterioides Stämme (grampositive, nicht sporenbildende Stäbchen) gefolgt von den grampositiven strikt anaeroben Bifido- und Eubakterienarten. Es folgen Gattungen der Streptokokken und Laktobazillen, die in ihrer Zahl die Gattung der E. Coli und Enterokokken übertreffen. In sehr viel geringere Keimdichten kommen dagegen Clostridien, Staphylokokken, Proteus- und Pseudomonas-Arten im Kolon vor [62].

Abb. 9 gibt einen Überblick über die menschliche Darmflora:

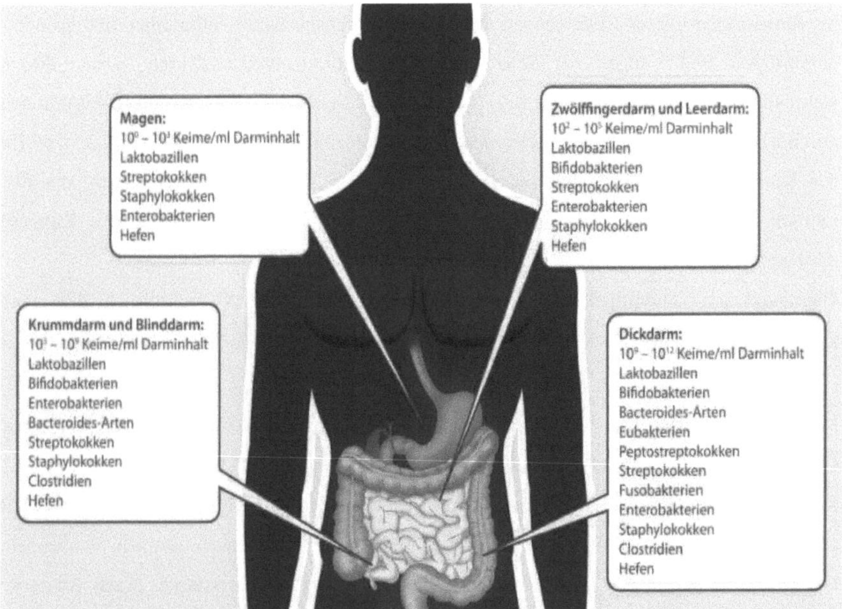

Abb. 9: *Menschliche Darmflora [90]*

2.5 Oxidativer Stress

Oxidativer Stress entsteht, wenn es ein Ungleichgewicht zwischen der Entstehung und dem Abfangen von Radikalen im Organismus gibt. Die Mehrheit der Radikale, die für den oxidativen Stress verantwortlich sind beinhalten Sauerstoff. Man bezeichnet sie als Reaktive Sauerstoffspezies (ROS). ROS können Gewebe und Zellbestandteile schädigen, dazu zählen Zellmembranen, DNA und Proteine.

2.5.1 Reaktive Sauerstoffspezies - Radikale

Während der Zellatmung wird in der in den Mitrochondrien lokalisierten Atmungskette molekularer Sauerstoff reduziert. In dieser Reaktionskette, die über eine Kette von vier Ein-

Elektronen-Reaktionen verläuft kommt es zur Bildung reaktiver Zwischenprodukte wie Superoxidradikalen ($\cdot O_2^-$), Wasserstoffperoxid (H_2O_2) und Hydroxylradikalen ($\cdot OH$). Ein bis fünf Prozent dieser ROS können der Elektronentransportkette entkommen und so unter ungünstigen Bedingungen zur Schädigung von Zellbestandteilen führen. Neben diesen während des normalen Metabolismus entstehenden ROS, die unter normalen Umständen durch das körpereigene Schutzsystem unschädlich gemacht werden (siehe Kapitel 2.5.3) wird der Körper mit ROS belastet, die durch Fremdstoffe (Xenobiotika) entstehen, die den mitrochondrialen Elektronentransport und antioxidativ wirksame Enzyme wie Katalase inhibieren.

Diaminoxidase, Thrypthphandioxigenase, Xanthinoxidase und Cytochrom P 450 sind körpereigene Enzyme, die $\cdot O_2^-$ bilden. Guanylcyklase und Glukoseoxidase sind Produzenten von H_2O_2.

Eine weitere Quelle für ROS stellen die Stoffwechselprodukte verschiedener Entzündungszellen dar (siehe Kapitel 2.2).

Reaktive Sauerstoffspezies und freie Radikale zeichnen sich durch eine sehr hohe Reaktivität aus. Freie Radikale sind Substanzen, die ungepaarte Elektronen besitzen, wobei ein ungepaartes Elektron ein Molekülorbital alleine besetzt. Radikale können durch Ab- oder Aufnahme eines Elektrons bzw. durch Spaltung einer kovalenten Bindung entstehen. Zu den ROS zählen das Hydroxylradikal ($\cdot OH$), Singulettsauerstoff ($^1O_2$), das Superoxidradikalanion ($\cdot O_2^-$) und Wasserstoffperoxid (H_2O_2).

Singulettsauerstoff:

Die äußeren Elektronen des Singulettsauerstoffs besitzen antiparallelen Spinn. Es kann bei einigen (patho)-physiologischen Prozessen(z.B. bei der Phagozytose und der Prostaglandin-Biosynthese) entstehen.

Superoxid-Radikalanion:

Es entsteht z.B. als Nebenprodukt der mitrochondrialen Atmung durch Reduktion von O_2. Da die mitrochondriale Superoxid-Radikalanionen Produktion proportional der O_2-Spannung ist, stellt sie einen wesentlichen Faktor bei der Sauerstofftoxizität dar. $\cdot O_2^-$ wird vorwiegend von Phagozyten produziert. Diese $\cdot O_2^-$-Produktion können anregen: opsonierte Bakterien, Komplementfaktor C_{5a} und Leukotrien B_4. Bei enzymatischen Umsetzungen kann ebenfalls $\cdot O_2^-$ freigesetzt werden.

Wasserstoffperoxid:

Bei der schrittweisen Reduktion von molekularem Sauerstoff ist Wasserstoffperoxid das zweite Zwischenprodukt. Es kann aber auch durch eine direkte Zwei-Elektronen-Übertragung auf das Sauerstoffmolekül entstehen. Es kann sowohl als Oxidationsmittel als auch als Reduktionsmittel fungieren. Obwohl H_2O_2 selbst kein freies Radikal ist, ist es eine Quelle für Hydroxylradikale. Die Entstehung des Radikals erfolgt über Übergangsmetallionen (Fenton-Reaktion) und ist in Abb. 10 dargestellt:

$$H_2O_2 + Fe^{2+} \longrightarrow Fe^{3+} + OH^- + \bullet OH$$

Abb. 10: *Fenton-Reaktion [63]*

Hydroxylradikal:

Das Hydroxylradikal ist ein starkes Oxidationmittel und entsteht in entzündetem Gewebe durch eine Übergangsmetall vermittelte Reaktion, bei der Fe^{2+} zu Fe^{3+} oxidiert wird (Fenton-Reaktion; siehe oben) und bei Reaktionen von H_2O_2 mit Stickoxiden. Die Haber-Weiss-Reaktion, bei der unter Verbrauch eines O^{2-} ein $\cdot OH$ gebildet wird, läuft *in-vivo* nur bei hohen H_2O_2 Konzentrationen ab. Sie ist in Abb. 11 dargestellt:

$$O_2^- + H_2O_2 \longrightarrow O_2 + OH^- + \bullet OH$$

Abb. 11: *Haber-Weiß-Reaktion [63]*

Stickstoffmonoxid:

Das Stickstoffmonoxid, selbst ein freies Radikal, ist ein physiologischer Signaltransmitter. Es wird durch eine enzymatisch katalysierte Reaktion aus dem Guanidinostickstoff des L-Arginins gebildet. Stickstoffmonoxid vermittelt bei niedriger Konzentration eine Reihe physiologischer Reaktionen z.B. Vasodilatation, Neurotransmission und Immunantworten [43, 63].

2.5.2 Auswirkungen

Die besondere Toxizität freier Radikale liegt in ihrer hohen Reaktivität begründet. Freie Radikale können prinzipiell mit allen für die lebende Zelle wichtigen Molekülen reagieren. Freie Radikale weisen eine besondere Reaktivität gegenüber solchen Molekülen auf, die einen nukleophilen Charakter besitzen. Dies gilt insbesondere für ungesättigte und schwefelhaltige Aminosäuren (z.B. Tryptophan, Tyrosin, Phenylalanin, Histidin, Methionin, Cystein). Die kovalente Bindung an Proteine kann dazu führen, dass diese ihre physiologischen Aufgaben nicht mehr erfüllen können, dass also zum Beispiel Enzyme ihre katalytische Funktion verlieren oder spezifische Rezeptoren oder Membrantransportproteine inaktiviert werden. Eine kovalente Bindung kann aber auch zu allergischen Reaktionen führen, da ein durch kovalente Bindung eines Fremdstoffs modifiziertes Protein Antigenkapazität aufweisen kann. Auch stabile Peptidbindungen können durch reaktive Sauerstoffspezies angegriffen werden. Solche oxidativen Modifikationen haben einen Funktionsverlust der betroffenen Proteinmoleküle zur Folge. Eine weitere Wirkung freier Sauerstoffradikale auf Proteine ist ihre Fähigkeit, die Depolimerisation von Strukturproteinen wie Kollagen zu initiieren.

Sauerstoffradikale können Nukleinsäuren auf zweierlei Wegen schädigen. Zum einen können sie mit der Zucker-Phosphatkette in Wechselwirkung treten und Strangbrüche oder Chromosomenbrüche verursachen, zum anderen können sie sowohl den Zuckeranteil als auch verschiedene Basen oxidativ verändern. Reaktionsprodukte sind im Falle des Thymins vor allem Thyminglykol und 5-Hydroxymethyluracil, im Falle des Guanins in erster Linie das 8-Hydroxyguanin. Reaktiven Sauerstoffspezies wird aufgrund ihrer Fähigkeit Nukleinsäuren zu schädigen eine Rolle bei der Tumorinitiation und Promotion zugeschrieben.

Lipide können ebenfalls mit freien Radikalen reagieren, wobei zum einen insbesondere lipophile, radikalische Metaboliten kovalent gebunden werden, zum anderen aber eine oxidative Kettenreaktion (Lipidperoxidation) in Gang gesetzt wird. Im Falle der Membranphospholipide führt die oxidative Schädigung ihrer mehrfach-ungesättigten Fettsäuren zur Beeinträchtigung der Funktion von Organell- und/oder Zellmembranen [43].

2.5.3 Schutzmeschanismen

2.5.3.1 Enzymatische Schutzsysteme

In lebende Zellen befinden sich eine Reihe von enzymatischen und nichtenzymatischen Schutzsystemen gegenüber radikalischen Schäden, die freie Radikale direkt abfangen und inaktivieren, oxidative Prozesse unterbinden oder aber bereits eingetretene Schäden reparieren.

Superoxidradikalanionen werden durch die Superoxiddismutasen, einer Familie von Metallenzymen, unter Kontrolle gehalten. Diese Enzyme katalysieren die in Abb. 12 dargestellte Disproportionierung von Superoxidionen:

$$\bullet 2O_2^- + 2H^+ \xrightarrow{\text{Superoxiddismutase}} H_2O_2 + O_2$$

Abb. 12: *Diproportionierung von Superoxidradikalanionen [63]*

In Eukaryonten kommen eine zytosolische, Kupfer- und Zinkhaltige und eine mitrochondriale, manganhaltige Form vor.
Zur Entgiftung des entstandenen Wasserstoffperoxid können verschiedene Enzymsysteme beitragen. In den Peroxisomen katalysiert die Katalase die in Abb. 13 dargestellte Disproportionierung von H_2O_2:

$$H_2O_2 + H_2O_2 \xrightarrow{\text{Katalase}} H_2O + O_2$$

Abb. 13: *Disproportionierung von H_2O_2 [63]*

Die zytosolische, selenhaltige Gluthationperoxidase, katalysiert die in Abb. 14 dargestellte Reduktion von Wasserstoffperoxid durch Gltathion (GSH), wobei Glutathiodisulfid (GSSG) entsteht:

$$H_2O_2 + 2GSH \xrightarrow{\text{Glutathionperoxidase}} 2H_2O + GSSG$$

Abb. 14: *Reduktion von Wasserstoffperoxid [63]*

Organische, freie Radikale reagieren direkt mit Gluthation. Solche Reaktionen werden zum Teil durch die Gluthation-S-Transferasen, einer Gruppe von zytosolischen Enzymen mit überlappender Substratspezifität, katalysiert. Sie besitzen außerdem die Fähigkeit, als selen-unabhängige Gluthationperoxidasen die in Abb. 15 dargestellte Reduktion von bereits gebildeten organischen Hydroperoxiden (ROOH) zu katalysieren:

$$ROOH + 2GSH \xrightarrow{\text{Glutathion-S-Transferase}} H_2O + GSSG + ROH$$

Abb. 15: *Reduktion organischer Hydroperoxide [63]*

Um den normalerweise intrazellulär vorliegenden hohen GSH/GSSG-Quotienten aufrechtzuerhalten, muss das gebildete Glutathiondisulfid wie in Abb. 16 dargestellt rückreduziert werden. Diese Funktion erfüllt die NADPH-abhängige Glutathionreduktase:

$$NADPH + H^+ + 2GSSG \xrightarrow{\text{Glutathionreduktase}} 2GSH + NADP^+$$

Abb. 16: *Reduktion von Glutathiondisulfid [63]*

Dabei ist die Hauptquelle für NADPH die Glukose-6-Phosphat-Dehydrogenase-Reaktion des Pentosephosphatwegs, bei der unter Freisetzung eines Moleküls NADPH + H^+ 6-Phosphoglukono-δ-Lakton entsteht [43, 63, 80].

2.5.3.2 Nichtenzymatische Schutzsysteme

Glutathion spielt eine zentrale Rolle unter den niedermolekularen, zellulären Antioxidanzien. Abgesehen von seiner Funktion als Kosubstrat der Glutathionperoxidasen und –transferasen, kann Glutathion wie in Abb. 17 dargestellt direkt mit Radikalen ($\cdot R$) wie $\cdot O_2^-$, H_2O_2, $\cdot OH$, Alkoxyradikalen($\cdot OR$) oder Peroxyradikalen($\cdot OOR$) reagieren:

$$\bullet R + GSH \longrightarrow RH + GS\bullet$$

Abb. 17: *Reaktion von Glutathion mit Radikalen [63]*

Thiylradikale ($\cdot GS$) können wie in Abb. 18 dargestellt unter Bildung von Glutathiondisulfid (GSSG) miteinander reagieren:

$$2GS\bullet \longrightarrow GSSG$$

Abb. 18: *Bildung von Glutathiondisulfid [63]*

Sie können aber auch mit anderen zellulären Molekülen reagieren. Dies erklärt auch die Fähigkeit des Glutathions, unter bestimmten Bedingungen als Prooxidans zu wirken und sogar mutagene Eigenschaften zu entfalten. Unter physiologischen Bedingungen überwiegt jedoch die Kapazität als Radikalfänger.

Ascorbinsäure (Vitamin C) (AH_2) ist ebenfalls ein Radikalfänger, der mit freien Radikalen wie in Abb. 19 beschrieben unter Bildung des Semidehydroascorbatradikals ($\cdot AH$) reagiert:

$$\bullet OH + AH_2 \longrightarrow H_2O + AH\bullet$$

$$O_2^- + AH_2 + H^+ \longrightarrow H_2O_2 + AH\bullet$$

Abb. 19: *Ascorbinsäure als Radikalfänger [63]*

Das Semidehydroascorbatradikal disproportioniert wie in Abb. 20 gezeigt unter Bildung von Ascorbinsäure und Dehydroascorbat (A), wodurch es zur Regeneration der Antioxidativen Kapazität der Ascorbinsäure kommt:

$$2AH\bullet \longrightarrow AH_2 + A$$

Abb. 20: *Regeneration von Ascorbinsäure [63]*

Neben den Radikalfängereigenschaften kann Ascorbinsäure in Gegenwart von Übergangsmetallionen (Fe^{3+}; Cu^{2+}) als Prooxidans agieren, da sie Metallionen in ihre reduzierte Form überführen kann und diese somit zur Reaktion mit $\cdot OH$ unter Bildung von Hydroxylradikalen (Fenton-Reaktion) befähigt.

Unter den lipophilen Antioxidanzien spielen die Tocopherole, in erster Linie das α-Tocopherol (Vitamin E) eine zentrale Rolle. Die Chromanylgruppe ist wie in Abb. 21 gezeigt in der Lage, mit $\cdot OOR$ und $\cdot OR$ (vor allem in peroxidierten Membranphospholipiden) zu reagieren, und somit Lipidperoxidationen zu unterbinden:

$$\bullet OOR + Vit.E\text{-}OH \longrightarrow ROOH + Vit.E\text{-}O\bullet$$

Abb. 21: *Vitamin E als Radikalfänger [63]*

Die aktive Form des Vitamin E wird durch Reduktion des Tocopherolradikals wieder hergestellt. Als Reduktionsmittel fungieren Glutathion und/oder Ascorbinsäure, wie in Abb. 22 gezeigt:

$$\text{Vit.E-O}\bullet + \text{GSH} \longrightarrow \text{Vit.E-OH} + \text{GS}\bullet$$

$$\text{Vit.E-O}\bullet + \text{AH}_2 \longrightarrow \text{Vit.E-OH} + \text{AH}\bullet$$

***Abb. 22:** Regeneration von Vitamin E [63]*

Die antioxidative Wirkung des lipophilen β-Carotin (Provitamin A) beruht einerseits auf seiner Fähigkeit mit Sauerstoffradikalen wie Peroxylradikalen zu reagieren und andererseits auf seiner Eigenschaft Singulettsauerstoff zu inaktivieren [43, 63].

2.6 Chronisch entzündliche Darmerkrankungen

2.6.1 Krankheitsbild des Morbus Crohn

Morbus Cron (MC) verursacht keine spezifischen Beschwerden. Es existieren jedoch typische Beschwerdenbilder, die auf die Erkrankung hinweisen. Zu diesen Beschwerden zählen Blähungen, Diarrhö, Bauchschmerzen, Unterleibskrämpfe, Appetitlosigkeit, Übelkeit, Erbrechen, Gewichtsverlust, Fiberepisoden, Gedeihstörungen bei Kindern, und Eiteransammlungen und Fistelgänge am Darmausgang. Die Beschwerden entwickeln sich langsam. Sie können spontan abklingen oder sogar völlig verschwinden, aber auch genauso spontan wieder auftreten. Perioden völliger Beschwerdefreiheit (inaktive Phase) wechseln sich häufig mit Phasen ab, in denen die Patienten unter den genannten Symptomen leiden (akuter Schub, akute Phase), so dass eine eindeutige Diagnose manchmal erst nach Monaten oder Jahren gestellt werden kann [12].
Von MC kann jeder Abschnitt des Verdauungstraktes von der Mundhöhle bis zum Anus betroffen sein. Besonders häufig ist die Einmündungsstelle des Dünndarms in den Dickdarm (distales Ileum) gefolgt von Kolon, Rektum, Dünndarm und Magen betroffen. Speiseröhre und Mundhöhle sind selten betroffen. Häufig kommt es zum gleichzeitigen Befall von zwei oder mehr Darmabschnitten. Da die gesamte Dicke der Darmwand von der Entzündung

betroffen ist (transmural) kann sich diese auf benachbarte Organe ausdehnen und zur Bildung von Eiteransammlungen und Fisteln führen. Sekundär betroffene Organe sind After, Harnblase, Harnleiter, Scheide, Leber und Bauchhaut. Je nachdem, welche Anteile des Verdauungstraktes von der Krankheit betroffen sind unterscheidet man die in Tab. 3 angegebenen Kategorien von MC.

Tab. 3: *Kategorien des Morbus Crohn [23]*

Kategorie	Betroffener Darmabschnitt
Ileocolitis	häufigste Form von MC; Ileum und Colon
Ileitis	Ileum; Fisteln und entzündliche Abszesse möglich
Gastroduodenaler Morbus Crohn	Magen und Zwölffingerdarm; Darmverschluss möglich
Jejunoileitis	diskontinuierliche, „fleckenförmige“ Entzündung im Jejunum; Fistelbildung möglich
Granulomatöser Morbus Crohn	Kolon und Anus; anale Fisteln, Abszesse und Geschwüre möglich

Bei der Ausheilung der Entzündung kann es zu einer Verengung des Darms (Stenose) kommen, die zu einer Behinderung des Nahrungsbreitransportes bis hin zum Darmverschluss (Ileus) führen kann. Oftmals sind die Funktionen des Darms eingeschränkt. Vitamine, Mineralstoffe und Gallensäuren werden nicht in ausreichenden Mengen resorbiert beziehungsweise rückresorbiert, was zu Gewichtsverlusten (65–70 % der Fälle) sowie Anzeichen von Fehl- und Mangelernährung führt. Durch die unzureichende Rückresorption von Gallensäuren kann es zur Störungen des Fettstoffwechsels kommen. Häufige Mangelerscheinungen sind durch sichtbare und verborgene (okkulte) Blutungen bedingte Blutarmut (Anämie) (60–80 % der Fälle), Folsäure- (54 % der Fälle), Vitamin-B_{12}- (48 % der Fälle) sowie Vitamin-D-Mangel [12, 23].

Feingeweblich manifestiert sich die Entzündung oft durch folgende Veränderungen: Zunächst entwickelt sich eine oberflächliche, fleckenförmige (diskontinuierliche) Rötung der Mukosa (Aphte), die auf die gesamte Dicke der Schleimhaut übergreifen kann (Erosion). Beim Übergreifen der Entzündung auf tiefere Darmschichten kann es zur Ausbildung von Geschwüren (Ulkus) kommen.

Bei einem Drittel der Patienten treten zeitweilig Beschwerden auf, die nicht in direktem Zusammenhang mit dem Darm stehen. Dazu zählen Entzündungen der Augen (Bindehaut-, Netz- und Aderhaut), Gelenkbeschwerden insbesondere der Wirbelsäule aber auch die Haut, vor allem der Unterschenkevorderseite kann durch rötliche Knoten befallen sein. Manchmal erscheinen die Endglieder der Finger aufgetrieben und weißlich (Trommelschlägelfinger). Andere fakultativ betroffene Organe sind Herz und Lunge (sehr selten), Nieren (Nierensteine 15 %), Blut (Gerinselbildung, Zerstörung von roten Blutzellen), Gefäßsystem (Entzündung) und Schilddrüse (Über- und Unterfunktion) [12].

2.6.2 Krankheitsbild der Kolitis Ulcerosa

Oft ist nur das Rektum von der Entzündung betroffen. Meist dehnt sich die Entzündung jedoch bis ins Kolon sigmoidum und das Kolon descendens aus. Zum Teil ist auch der gesamte Dickdarm betroffen. Die verschieden Kategorien einer Kolitis sind in Tab. 4 dargestellt [12]:

Tab. 4: *Kategorien der Kolitis Ulcerosa [22]*

Kategorie	**Betroffener Darmabschnitt**
Ulcerative Proktitis	Rektum
Limitierte oder Distale Kolitis	Kolon descendens abwärts
Pancolitis	gesamtes Kolon

Die Entzündung betrifft im Gegensatz zum MC meist nur die innerste Schicht des Darms. Die Hauptsymptome einer Kolitis sind: Häufige Stuhlentleerungen, Diarrhö und Blutungen aus dem Rektum (häufig mit Stuhl, Eiter und/oder Schleim vermischt). Ist nur das Rektum betroffen ist häufig die umgebende Schließmuskulatur gereizt. Uncharakteristische Beschwerden sind Bauchschmerzen, Gewichtsverlust, Fiber und ein schlechter Allgemeinzustand. Am häufigsten verläuft die Entzündung schubweise. Bei einem hochakuten Schub kann sich aus verschiedenen Gründen (u.a. Stoffwechselentgleisung, Einschränkung der Funktion der Muskelschichten) das Kolon transversum aufweiten und platzen. Gleiches kann mit dem Kolon sigmoidum passieren. Das platzen des Darms kann zu einer Bauchfellentzündung und/oder eine Blutvergiftung führen [12, 22].

2.6.3 Ätiologie und Risikofaktoren

Die genauen Ursachen für Chronisch entzündliche Darmerkrankungen (CED) sind bislang ungeklärt, es konnten jedoch einige Risikofaktoren ausfindig gemacht werden, die möglicherweise mitverantwortlich für die Entstehung von CED sind. Sie werden in den folgenden Abschnitten diskutiert.

2.6.3.1 Immunsystem

Bereits unter normalen physiologischen Bedingungen ist das Immunsystem des Darms einer Vielzahl von Bakterien ausgesetzt. Untersuchungen zeigen, dass im Darmgewebe eine große Anzahl von immunkompetenten T-Zellen sowie antigenpräsentierenden Zellen (APC) existiert. Sie befinden sich vor allem in den Peyer-paques und in der Lamina propria. Über den Darm kommt der Körper täglich in Kontakt mit zahlreichen Antigenen aus der Nahrung und den Darmbakterien.

Beim gesunden Menschen zeigt das Immunsystem des Darms einen relativ geringen Aktivierungszustand. Auf der Oberfläche der intestinalen Makrophagen befindet sich im Vergleich mit dem peripheren Blut nur eine geringe Anzahl an stimulatorischen Molekülen, die für die T-Zell Aktivierung, die über CD_3-Zellen und kostimmulatorisch über CD_2/CD_{28} verläuft, verantwortlich sind. Die aktivierten T-Zellen produzieren bestimmte T_{H1}- (IFN-γ, TNF-α) und T_{H2}-Zytokinen (IL-4, IL-5). Beide Gruppen werden in gleichem Maß exprimiert. T_{Hreg} produzieren antiinflammatorisch wirkendes Il-10 und T_{H3}-Zellen antiinflammatorisch wirkendes TGF-β.

Bei Patienten mit CED ist dieses empfindliche Zytokingleichgewicht gestört. Zu der bei MC ablaufenden Immunreaktion wurde folgende Hypothese aufgestellt: Mukosale Antigene (Nahrungsbestandteile, bakterielle Antigene) werden von APC aufgenommen und CD_4^+-T-Zellen präsentiert. Die T-Zellen werden in den peripheren lymphpatischen Organen nach erneutem Antigenkontakt zu T-Effektorzellen aktiviert. In der Mukosa kommt es unter dem Einfluss von IL-12, das von Makrophagen und anderen APC sezerniert wird zur Auslösung einer T_{H1} vermittelten Zytokinantwort in den CD_4^+-T-Zellen. Die Aktivierung von T-Zellen durch IL-12 führt zu einer Phosphorylierung und Dimerisierung des signal transducer and activator of transcription 4 (STAT-4), der in den Nukleus transloziert, wo er die Transkription des IFN-γ-Gens aktiviert. Die T-Zellen werden dadurch zur Produktion makrophagenstimmulierender Zytokine (IFN-γ, IL-1, TNF-α) angeregt. Zusätzlich werden weitere Zytokine sezerniert. Einerseits trägt TNF-α durch die Aktivierung von Metallproteinasen direkt zur Gewebedestruktion bei, andererseits führt es wie auch IL-8 zur Rekrutierung von Neutrophilen aus Venolen, was zu einer Erhöhung der Gewebedestruktion führt. Das von Makrophagen sezernierte IL-6 führt zur Apoptoseresistenz und Akkumulation von T-Zellen in der Lamina propria. Das ebenfalls von Makrophagen und Epithelzellen sezernierte proinflammatorische Zytokin IL-18 verstärkt die T_{H1} Zytokinantwort in den CD_4^+-T-Zellen und wirkt syergistisch zu IL-12. MC Patienten sind nicht in der Lage durch IL-10 und TGF-β diese T_{H1} Zytokinantwort zu unterdrücken. IL-18 initiert über die Aktivierung des Transkriptionsfaktors AP-1 die IFN-γ-Transkription. Außerdem ist IL-18 verantwortlich für die Freisetzung der NF-κ-B-Untereinheiten p50 und p60 aus dem inhibitorischen IκB-Komplex und trägt damit zur Expression der NF-κ-B abhängigen Zytokine IL-6, TNF-α, und IL-8 bei, wobei TNF-α erneut NF-κ-B aktiviert [52].

Bei CU Patienten konnte eine große Anzahl von verschiedenen Autoimmunantikörpern nachgewiesen werden. So konnte pANCA bei einem hohen Prozentsatz von CU Patienten festgestellt werden. Ebenso konnten kreuzreaktive Strukturen für pANCA identifiziert werden. Neben pANCA wurden weitere Autoantikörper nachgewiesen von denen einige eine Kreuzreaktivität mit bakteriellen Antigenen aufweisen. Es wird vermutet, dass das molekulare Mimikry von körperfremden und körpereigenen Antigenen pathologisch von Bedeutung für die Entstehung von CU ist, da durch das Eindringen von Antigenen Immunreaktionen gegenüber der natürlichen Darmflora entstehen könnten.

Bei der CU finden sich in der Lamina propria hohe Gehalte der T_{H2} Zytokine IL-4, und IL-5. Bei MC Patienten liegen IL-4 und IL-5 nur in geringen Mengen vor jedoch sind die T_{H1} Zytokine TNF-α und IFN-γ im Gegensatz zu CU Patienten erhöht. Während das von Makrophagen produzierte IL-12 bei MC Patienten vermehrt gebildet wird, wird bei CU Patienten das IL-12 antagonistische Zytokin EBI_3 vermehrt sezerniert. IL-12 bewirkt eine T_{H1} Zelldifferenzierung während EBI_3 diese Zelldifferenzierung antagonisiert. Insgesamt handelt es sich bei MC um eine T_{H1} vermittelte und bei CU um eine T_{H2} vermittelte Immunantwort. Dies ist jedoch nur eingeschränkt gültig. Das proinfammatorische T_{H2} Zytokin IL-6 wird zum Beispiel sowohl bei MC als auch bei CU Patienten vermehrt sezerniert [24].

2.6.3.2 Genetik

Die Ausprägung einer CED wird durch genetische Faktoren beeinflusst. In 25 % der Fälle gibt es mindestens einen weiteren Fall von CED in der Familie. Auf den Chromosomen 3, 7, 12 und 16 konnten Suszeptibilitätsregionen für CED lokalisiert werden. Auf dem Genlokus 16q12 wurde das $NOD_2/Card_{15}$Gen identifiziert. In der Arbeit von Hugot et al. wurden ca. 30 verschiedene Mutationen am C-terminalen Ende des NOD_2-Gens bei Subgruppen von Patienten mit MC gefunden, in der Arbeit von Ogura et al. drei verschiedene Mutationen. Diese Mutationen finden sich bei 17 % der MC Patienten, wohingegen die Mutationen nur bei 4 % der CU Patienten und einer Kontrollgruppe auftreten. In einer weiteren Studie fand man, dass 6,8 % der MC Patienten homozygot für die C-Insertionsmutante des NOD_2-Gens sind. Bei den CU Patienten und einer Kontrollgruppe konnten keine homozygoten Träger dieser Mutation gefunden werden.
Das NOD_2-Protein besteht aus 1040 Aminosäuren und wird unter anderem in Monozyten exprimiert. Der C-Terminus des Proteins wird durch 10 Leucin reiche Regionen (leucine-rich-repeats, LRR) gebildet, die eine Bindungsaffinität für bakterielle Lipopolysaccharide (LPS) besitzen. Die NOD_2-Proteine sind verantwortlich für die LPS abhängige Aktivierung von NF-κ-B, einem Schlüsselenzym in der Pathogenese des MC, das die transkriptionelle Regulation proinflammatorischer Zytokine (IL-6, TNF-α) steuert und für die Aktivierung von Makrophagen eine entscheidende Rolle spielt (siehe Kapitel 2.2 und 2.9.2). Bei MC Patienten fehlt möglicherweise im Iniationsstadium der intestinalen Entzündung die NOD_2 induzierte NF-κ-B Aktivierung, die wichtig für die Elimination mukosaler Bakterien ist. Perisistierende bakterielle Infektionen könnten bei Patienten mit NOD_2-Funktionsverlust zur kontinuierlichen Aktivierung des mukosalen Immunsystems führen. Durch die proinflammatorische Zytokinantwort wird die NF-κ-B Expression dann sekundär induziert, wodurch es zu einer verstärkten Produktion NF-κ-B abhängiger Zytokine (IL-12, IL-6, TNF-α) kommt [24, 52].

2.6.3.3 Oxidativer Stress

Vermehrter oxidativer Stress konnte bei beiden Formen der CED festgestellt werden. Untersuchungen des Blutes von CED Patienten ergaben im Vergleich zur Kontrollgruppe erniedrigte Plasmawerte der antioxidativ wirksamen Vitamine A und E und Provitamin A (β-Carotin). Eine Biopsie des Darmgewebes von CU Patienten zeigte erhöhte Werte an ROS,

DNA-Oxidationsprodukten wie zum Beispiel 8-Hydroxyguanin (siehe Kapitel 2.5.2) und Eisen im entzündeten Gewebe. Kupfer und Zink, die Kofaktoren des endogenen Antioxidans Superoxiddismutase sind zeigten ebenfalls erniedrigte Werte. Die Werte für Gluthathionperoxidase, die an der Elimination von ROS beteiligt ist (siehe Kapitel 2.5.3.1) waren ebenfalls erniedrigt. Es wird vermutet, dass TNF-α an der Produktion von ROS beteiligt ist, die wiederum NF-κ-B aktivieren sollen, was eine erneute TNF-α Stimulation bewirken würde [22].

2.6.3.4 Darmflora

Die Ausprägung einer CED wird von der Zusammensetzung der physiologischen Darmflora sowie von der lokalen Bakterienkonzentration beeinflusst. Oftmals manifestiert sich die Entzündung in den Darmarealen mit den höchsten Bakterienkonzentrationen (Ileum, Kolon), was auf einen Zusammenhang zwischen der Entstehung von CED und bakteriellen Antigenen schließen lässt. Bei MC wurde eine Infektion mit *Mycobakterium paratuberkulosis* oder Maserviren als Krankheitsursache diskutiert. Andere Quellen schließen Mykobakterien als Ursache für CED aus. Sie berichten von Yersinia Arten, die sie bei CED Patienten nachgewiesen haben und besonders bei CU Patienten von pathogenen *Escherichia coli* und Listeria Arten. Es wird diskutiert, dass der Genuss von gekühlten Nahrungsmitteln die niedrige Gehalte der psychotrophen Bakterien *Listeria moncytogenes* und *Yersinia enterocolitica* enthalten eine Immunantwort verursachen, die letztlich zur Entstehung von MC führt.

Untersuchungen haben gezeigt, dass die Zusammensetzung der Darmflora von MC Patienten gegenüber gesunden Menschen verändert ist. Neben der Erhöhung der intestinalen Bakterienkonzentration kommt es zu einem vermehrten Eindringen von Bakterien in die Mukosa. Hierbei wirkt eine intestinale Barrierestörung begünstigend auf das Eindringen von Antigenen, wobei umstritten ist, ob die Barrierestörung sekundär durch die Entzündung entsteht oder die primäre Ursache für die Entzündung darstellt [22, 24, 52].

2.6.3.5 Umwelt

Für die erhöhte Inzidenz der CED in den Industrieländern wird unter anderem eine kohlenhydratreiche, fettreiche und ballaststoffarme Ernährung verantwortlich gemacht. Es ist bisher nicht gelungen einzelne Nahrungsbestandteile als Risikofaktoren zu identifizieren. Bezüglich des MC wirkt Stillen offensichtlich protektiv. Ein erhöhter Hygienestatus im Kindesalter scheint das Auftreten von CED zu begünstigen. Während Rauchen einen Risikofaktor für eine Manifestation und einen aggressiveren Verlauf von MC darstellt, zeigt es bei CU einen protektiven Effekt. Untersuchungen haben gezeigt, dass Nikotin die humorale Immunität aktiviert und die Schleimproduktion des Kolonepithels erhöht. Des Weiteren scheint CU die Funktion von T_{H2} zu hemmen, die für die Entstehung CU von Bedeutung sind (siehe Kapitel 2.4.3.1). Die für die Manifestation des MC bedeutenden T_{H1} werden scheinbar nicht durch Nikotin gehemmt [24, 52].

2.6.3.6 Glykosylaminoglykane

Die extrazelluläre Matrix des Gastrointestinaltrakts besteht aus Kollagen, Elastin und der Membrangrundsubstanz (Lippiddoppelschicht), die Glykosylaminoglykane (GAGs) enthält. GAGs kommen zahlreich in der Membranbasis der Lamina propria und der Submukosa vor. Sie beeinflussen die Permeabilität der Darmwand und haben so Einfluss auf immunentzündliche Reaktionen. In gesundem Kolongewebe bestehen die GAGs neben Chondroitin und Dermatinsulfat aus Hylanuronsäure und Heparansulfat.

Bei CED Patienten wurden erhöhte Werte und eine veränderte Zusammensetzung der GAGs festgestellt. Sie enthielten größere Mengen an Heparansulfat und Hylanuronsäure. Diese Änderungen sind auf die Mukosa beschränkt und gehen mit einem Verlust an GAGs in den subepithelialen Schichten einher. Die Veränderungen des Sulfatgehaltes könnten die Passage von Substanzen durch die Mukosa beeinflussen indem sie zu Protein- und Fluiditätsverlusten, Thrombosen und einem veränderten Membranaufbau führen. Es wird diskutiert, dass diese Veränderungen zum Entzündungsprozess beitragen und die Hylanuronsäure direkt mit Lymphozyten interagieren und so die Makrophagenantwort auf Zytokine unterdrückt [22].

2.6.4 Epidemiologie

MC stellt eine eher seltene Erkrankung dar, die vorwiegend in Nordamerika und Westeuropa anzutreffen ist. Die Prävalenz in Westeuropa beträgt 10 bis 100 pro 100.000 Einwohner, die Inzidenz 5-10 pro 100.000 Einwohner und Jahr. Die Mortalität liegt bei 6 %. CU tritt etwas häufiger auf. In Westeuropa sind 35-100 Menschen pro 100.000 Einwohner betroffen. Die Inzidenz beträgt 2-10 Personen pro 100.000 Einwohner und Jahr [12].
Farbige Menschen haben ein bis zu 50 % geringeres Risiko an CED zu erkranken als Menschen weißer Hautfarbe, auch wenn Studien einen kontinuierlichen Anstieg von Krankheitsfällen unter Afroamerikanern feststellen, was vermutlich auf die sich verändernde Ernährungsweise zurückzuführen ist (siehe Kapitel 2.6.3.5). Es wurde festgestellt, dass CED Patienten öfter einen höheren sozialen Status haben. Die Krankheit tritt etwa gleichhäufig bei Frauen wie Männern auf, andere Quellen berichten jedoch über eine etwas höhere Erkrankungshäufigkeit bei Frauen [12, 23, 32].
Meist tritt die Erkrankung im jungen Erwachsenenalter zwischen dem 15.- und 25. Lebensjahr auf. Etwa 10 % der Erkrankten sind Kinder und Jugendliche unter 18 Jahren [23].

2.6.5 Diagnose

Zur Beurteilung der Schwere der Erkrankung wird der Crohn's Disease Activity Index (CDAI) herangezogen. Der Index berücksichtigt folgende Parameter: Anzahl der Stühle, Einnahme von Mitteln gegen Diarrhö, Stärke der Bauchschmerzen, Allgemeinbefinden, Bestehen extraintestinaler Symptome, Anämie und Gewichtsverlust. Je nach Stärke der einzelnen Beschwerden werden Punkte vergeben. Übersteigt die Gesamtpunktzahl 150 liegt eine aktive Erkrankung (akuter Schub) vor.
Bei einem typischen Erscheinungsbild der CU ist die Spiegelung des Enddarms die wichtigste und zuverlässigste Untersuchungs- und Diagnosemethode. Je nach Ausdehnung ist eine Rektoskopie, Sigmoidoskopie oder Kolonoskopie erforderlich. Im Gegensatz zur CU erfordert die Erstdiagnose von MC eine Beurteilung des gesamten Verdauungstraktes, da alle Bereiche betroffen sein können (siehe Kapitel 2.4.1). Neben der Dickdarmspiegelung ist eine Röntgenuntersuchung des Dünndarms und eine Endoskopie von Speiseröhre, Magen und Duodenum notwendig.

Des Weiteren ist bei beiden Arten der CED eine Untersuchung des Blutes erforderlich. Wichtige Parameter des Blutbildes zur Diagnose und Beurteilung des Schweregrades der CED sind: Hämoglobinwert, Leukozytenzahl, Thrombozytenzahl, Albumingehalt, Gehalt an C-reaktivem Protein und der Eisengehalt des Serums. Diese Parameter zeigen jedoch nur einen entzündlichen Zustand an und lassen keine Differenzierung zwischen CU und MC zu.
Zur Unterscheidung der beiden Krankheiten im Labor stehen zwei immunologische Verfahren zur Verfügung: Die Bestimmung von pANCA und die Bestimmung der Autoantikörper gegen exokrine Pankreasgewebe, die vor allem bei MC gefunden werden. Beide Verfahren sind jedoch nicht spezifisch genug um sich alleine auf das Ergebnis der Untersuchung zu verlassen, wenn man zwischen MC und CU differenzieren will. Eine Differenzierung zwischen beiden Krankheiten ist nur unter Einbezug aller anderen Untersuchungsergebnisse möglich und bereitet selbst dann oftmals Schwierigkeiten, so dass eine endgültige Diagnose manchmal erst nach Monaten oder sogar Jahren gestellt werden kann [12].

2.6.6 Therapie

Konventionelle Therapien zur Behandlung von CED beinhalten Medikamente der Aminosalicylatgruppe, Kortikosteroide, Antibiotika und Immunmodulatoren.
Zu den Aminosalicylaten zählen Sulfasalazin, Olsalazin und Mesalazin. Sulfasalazin besteht aus einem 5-Acetylsalicylsäure (5-ASA) Molekül, das an Sulfapyridin gebunden ist. 5-ASA wird nach seiner Spaltung von Sulfapyridin aufgenommen. Sulfapyridin ist für die meisten Nebenwirkungen (Übelkeit, Erbrechen, Kopfschmerzen) verantwortlich, die mit Sulfasalazin in Verbindung gebracht werden. Olsalazin besteht aus zwei miteinander verknüpften 5-ASA Molekülen, die nach ihrer Spaltung aufgenommen werden. Mesalazin beinhaltet die eigentliche Wirksubstanz, die 5-ASA. Olsalazin und Sulfalazin sind schwer resorbierbar und können bis in den Dickdarm gelangen, wo sie dann resorbiert werden und ihre Wirkung entfalten. Mesalazin dagegen wird schon im Dünndarm resorbiert und entfaltet dort seine Wirkung. Die Medikamente der Salicylatgruppe haben antientzündliche Effekte. Sie inhibieren die Arachidonsäurekaskade, IL-2, IL-4 und NF-κB. Zusätzlich beeinträchtigen sie die Funktion von Monozyten und Lymphozyten und sorgen für antioxidative Aktivität.
Die immunsupressive Wirkung von Kortikosteroiden beinhaltet die Inhibition der Arachidonsäurekaskade, IFN-γ, und IL 1, 2, 4, 5, 6, 8. Als Nebenwirkungen einer Steroidtherapie können Gewichtszunahme, Wasserretention und Stimmungsschwankungen

auftreten. Bei längerer Einnahme steigt die Gefahr von Herzinfarkten, Osteoporose und Myopathie.
Eine Antibiotikatherapie hat sich in den meisten Fällen als ineffektiv erwiesen. Bei starken Barrierestörungen, die mit einem vermehrten Eindringen von Bakterien einhergehen kann sie jedoch sinnvoll sein. Bei den eingesetzten Wirkstoffen handelt es sich um Vancomycin, Metronidazol, Tobramycin und Kiprofloxazin.
Zu den immunmodulierenden Wirkstoffen, die zur Therapie von CED eingesetzt werden zählen Cyclosporin, 6-Merkaptopurin und Azathioprin, das eine Weiterentwicklung von 6-Merkaptopurin ist. Ihre Wirkung beruht auf der Suppression der Aktivität von natürlichen Killerzellen (NK-Zellen) und der T-Zell-Funktion. Zurzeit wird am der Einsatz von Antikörpern gegen bestimmte Zytokine wie zum Beispiel TNF-α and an der Therapie mit immunsuppressiven Zytokinen wie zum Beispiel dem TGF-β1 geforscht [22, 23].

2.7 Apfel - Apfelsaft

2.7.1 Apfel

Der Apfel ist in Mitteleuropa eine der bedeutendsten Kulturobstsorten. Äpfel werden sowohl unverarbeitet, als auch zubereitet in Form von gebratenen und gebackenen Äpfeln (Bratäpfel, Apfelkuchen), in Form von Mus, Saft und Apfelwein konsumiert. Heute gibt es in Deutschland ungefähr 1.500 Sorten, von denen aber lediglich um die 60 von wirtschaftlicher Bedeutung sind. Man unterscheidet Tafelobst von Mostobst. Tafeläpfel sind in der Regel Größer, haben einen höheren Zuckergehalt und weniger Fruchtsäuren als Mostäpfel. Im Handel sind nur einige wenige Sorten als Tafelobst erhältlich, die ungefähr 70 % des Tafelobstmarktes ausmachen: Golden Delicious, Jona Gold und Red Delicious. Der Anteil des Tafelobstes an der Apfelernte beträgt ungefähr 60 %. Als Mostobst sind unter anderem folgende Sorten verbreitet: Bitterfelder, Erbacher, verschiedene Holzapfelsorten, Kaiser Wilhelm, Winter Rambour, Bohnapfel und Schafsnase.
Der Apfel, lat. Malus sylvestris, gehört zur Familie der Rosengewächse (Rosaceae) und zur Unterfamilie der Kernobstgewächse. Der Apfel ist eine Scheinfrucht. Die eigentliche Frucht wird aus fünf Fruchtblättern gebildet, die mit dem fleischig angeschwollenen Blütenboden (Fruchtfleisch) zu einer Einheit verwachsen ist. Jedes der fünf Fruchtfächer enthält zwei

braune Samen (Kerne). Das Fruchtfleisch des Apfels besteht aus rundlichen bis 80 µm großen parenchymatischen Zellen. Neben parenchymatischen Zellen sind im Fruchtfleisch Leitbündel enthalten. Die Zellen unreifer Früchte enthalten reichlich kleine Stärkekörner, während reife Früchte je nach Sorte stärkeärmer sind. In der Nähe des Blütenkelchrestes und des Stielansatzes finden sich einzellige, meist gewundene Haare, die bis zu 800 µm lang sein können. Die Oberhaut des Apfels besteht aus derbwandigen, polyedrischen Zellen. Das Kernhaus wird aus einer Mehrfachen Schicht dickwandiger, sich kreuzender Faserzellen gebildet. Dort, wo es ins Fruchtfleisch übergeht, findet man zwischen den Faserzellen reihenförmig angeordnete Kristallkammerzellen mit großen Einzelkristallen aus Calciumoxalat. Querschnitte durch den Apfelsamen zeigen Samenschale, Nucellarrest, Endosperm (Nährgewebe) und Embryo (Keimling) [19].

Unter den Feststoffen des Apfels machen die Zucker den Hauptanteil aus. In Äpfeln ist die Fruktose der vorherrschende Zucker. Tab. 5 zeigt die Zuckerzusammensetzung von Äpfeln:

Tab. 5: *Zuckergehalte von Äpfeln [68]*

Lit.	Gesamtzucker [%]	Glukose [%]	Fruktose [%]	Saccharose [%]
Souci et al. 1981	10,22	1,73	5,91	2,58
Wrolstad und Schallenberger 1981	11,0	2,35	6,00	2,51
Dako et al. 1970	9,86	1,82	5,93	2,11
Trautner und Smoogyi 1978	8,50	1,29	4,12	2,43

Die Polysaccharide reifer Äpfel bestehen aus Cellulose, Hemicellulosen und Pektinen. Souci et al. gibt einen Pektingehalt von 0,78 % an.

Neben Zuckern kommen auch Zuckeralkohole vor. Der Gehalt wird mit 0,28-0,58 g/100 g angegeben.

Geschmacklich entscheidende Bestandteile sind neben den Zuckern und Aromastoffen die nichtflüchtigen Säuren über die Tab. 6 einen Überblick gibt:

Tab. 6: *Nicht flüchtige Säuren der Äpfel [68]*

Lit.	Titrierbare Säure [g/kg]	Äpfelsäure [g/kg]	Zitronensäure [g/kg]	Chinasäure [g/kg]
Souci et al. 1981	6,5	5,5	0,16	
Phillips et al. 1956	4,8	5,4	bis 0,23	1,2

In sauren Apfelsorten besteht der Gesamtsäuregehalt oft zu über 90 % aus Äpfelsäure. Der Rest entfällt im Wesentlichen auf Chinasäure. Sehr gering ist in der Regel der Zitronensäureanteil.
Eine weitere wichtige Gruppe an Inhaltstoffen sind die Vitamine, die sich hauptsächlich auf Ascorbinsäure und wasserlösliche B-Vitamine beschränken. Tab. 7 gibt einen Überblick über den Vitamingehalt von Äpfeln:

***Tab.** 7: Vitamingehalt von Äpfeln [68]*

Lit.	**Ascorbinsäure [mg/100 g]**	**β-Carotin [µg/100 g]**	**Thiamin [µg/100 g]**	**Riboflavin [µg/100 g]**	**Niacin [µg/100 g]**
Souci et al. 1981	12	47	35	32	300
Watt, Merill 1963	7	50	30	20	100
Paul, Southgate 1978	3	30	40	20	100

Stickstoffhaltige Verbindungen spielen in Äpfeln nur eine untergeordnete Rolle. Nur rund 0,2-1 % der Frischsubstanz besteht aus organisch stickstoffhaltigen Verbindungen wie Aminosäuren, Peptiden, Proteinen und einer weiteren Reihen N-haltiger Substanzen.
In der Gruppe der Mineralstoffe stellt Kalium den Hauptbestandteil dar. Zusammen mit den anderen Metallen bindet es die anorganischen Säuren (Phosphorsäure, Schwefelsäure,, Salzsäure. Kohlensäure sind die wichtigsten) fast vollständig, die organischen zu einem mehr oder weniger beträchtlichen Teil als Salze.
Die Aromastoffzusammensetzung der Äpfel hängt stark von Sorte, Klima, Lage, Reifegrad, und Lagerungsbedingungen ab. So gibt es bei Äpfeln Sorten, deren Aroma überwiegend aus Estern besteht und Sorten, deren Aroma sich überwiegend aus Alkoholen zusammensetzt.
Zu den wichtigen Bestandteilen der Äpfel zählen auch phenolische Inhaltsstoffe. Auf sie soll in Kapitel 2.7.3.2 genauer eingegangen werden [68].

2.7.2 Apfelsaft

„Fruchtsaft ist der mittels mechanischer Verfahren aus Früchten gewonnene, gärfähige, aber nicht gegorene Saft, der die charakteristische Farbe, das charakteristische Aroma und den charakteristischen Geschmack der Früchte besitzt, von denen er stammt“, Fruchtsaftverordnung § 1 Abs. 1 der Fruchtsaftverordnung.

„Zur Herstellung von Fruchtsaft dürfen nur Früchte verwendet werden, die frisch oder durch Kälte haltbar gemacht, gesund, zum Verzehr geeignet und in geeignetem Reifezustand sind. Ihnen dürfen keine Bestandteile, die für die Herstellung von Fruchtsäften wesentlich sind, entzogen worden sein", Fruchtsaftverordnung § 1 Abs. 2 der Fruchtsaftverordnung.

Die für die Apfelsaftgewinnung bestimmten Äpfel sollen baumreif und praktisch frei von Fäulnis und Schimmelbefall sein. In früheren Jahren wurden vorwiegend Mostäpfel zur Saftgewinnung eingesetzt. Durch die Intensivierung des Anbaus von Tafeläpfeln werden die nicht marktfähigen Sortierungen der Apfelsaftherstellung zugeführt, so dass der Tafelobstanteil in Apfelsäften in den letzten Jahren gestiegen ist.
Zu Beginn der Saftherstellung werden die Äpfel gewaschen und verlesen. Anschließend werden die Äpfel zerkleinert. Das Pressen der Maische erfolgt im Normalfall ohne Behandlung bei Betriebstemperatur. Die Ausbeute beträgt dabei üblicherweise 68-86 % der Masse. Nach dem Pressvorgang werden gröbere Gewebebestandteile mittels Sieb oder Zentrifuge entfernt. Der erhaltene trübe Direktsaft wird durch Wärmebehandlung enzymdeaktiviert. Die Haltbarmachung des Saftes erfolgt in der Regel durch Pasteurisierung. Anschließend wird der meist noch warme Saft abgefüllt (Heißabfüllung).
Bei der Herstellung von klarem Apfelsaft wird der trübe Direktsaft mittels Enzympräparaten und/oder Klärmitteln geschönt. Meist wird als Klärmittel Gelatine verwendet. Haltbarmachung und Abfüllung erfolgen wie bei trübem Apfelsaft.
Oft wird Apfelsaft durch Rückverdünnung aus Apfelsaftkonzentrat hergestellt. Zur Herstellung des Konzentrats wird geklärter Direktsaft in eine Aromakonzentratgewinnungsanlage gefüllt. In dieser wird so viel Flüssigkeit verdampft, dass die charakteristischen Aromastoffe weitgehend abgetrennt werden. In der Rektifiziersäule wird der Aromaextrakt verstärkt, so dass er eine 150-200 fache Konzentration erreicht. Die Temperatur im Verdampfer beträgt in der Regel 55-60 °C. Das Aromakonzentrat wird dunkel und kühl gelagert. Zur Rückverdünnung wird die zuvor entzogene Menge Wasser durch entmineralisiertes Wasser ersetzt. Der Rückverdünnte Saft wird wie beschrieben konserviert und abgefüllt [33].

Im Rahmen dieser Arbeit wurden vier verschiedene Apfelsäfte verwendet: ein polyphenolfreier Kontrollsaft, ein Apfelmarksaft, ein trüber Apfelsaft und ein klarer Apfelsaft.

Der trübe Direktsaft wurde nach herkömmlichen Verfahren hergestellt. Die Konservierung erfolgte durch Paseurisierung und anschließende Heißabfüllung. Um zu garantieren, dass die verwendeten trüben und klaren Säfte sich nur durch ihren Gehalt an Trubstoffen unterscheiden wurden die klaren Apfelsäfte aus den entsprechenden trüben Säften hergestellt. Dies erfolgte mittels Enzymierung (Fructozym P), kombinierter Schönung mittels Gelantine, Kieselsol und Bentonit und anschließender Schichtenfiltration. Bei dem verwendeten Marksaft handelt es sich um eine Mischung aus 40 % fein vermahlenen Äpfeln und 60 % naturtrübem Apfelsaft, wobei auch hier immer der entsprechende trübe Saft verwendet wurde. Der polyphenolfreie Kontrollsaft wurde aus dem entsprechenden klaren Apfelsaft mit Hilfe einer Adsorberharzsäule hergestellt. Die genaue Zusammensetzung der Säfte ist im Anhang I wiedergegeben.

2.7.3 Inhaltsstoffe

2.7.3.1 Ballaststoffe

2.7.3.1.1 Definition und Bedeutung

Ballaststoffe sind eine heterogene Gruppe von Substanzen, die nur eine Gemeinsamkeit haben: die Nichtverdaulichkeit im Dünndarm. Mit Ausnahme von Lignin sind alle Kohlenhydrate vom Typ der Poly- und Oligosaccharide (Cellulose, Hemicellulose, Pektin, resistente Stärke, nicht verdauliche Oligofruktosen, Oligosaccharide der Raffinosefamilie) Ballaststoffe. Man kann Ballaststoffe auch als essbare Bestandteile von Pflanzen oder vergleichbaren Kohlenhydraten betrachten, die im menschlichen Dünndarm nicht verdaulich sind, aber vollständig oder teilweise im Dickdarm fermentiert werden können.

Einige Ballaststoffe sind wasserlöslich (Pektin, Hemicellulosen, Oligofruktose, Guar, Inulin), andere nicht (Lignin, Cellulose, resistente Stärke, teile der Hemicellulosen). Lösliche Ballaststoffe haben im Gegensatz zu den unlöslichen die Fähigkeit zu quellen und Hydrokolloide oder Gele zu bilden. Unlösliche Ballaststoffe kommen in größeren Mengen vor als lösliche. Cellulose und Hemicellulose sind in allen Nahrungsmitteln die vorherrschenden Ballaststoffe, ebenso Pektin. Abgesehen von Getreide kommt Lignin nur in sehr geringen Mengen vor.

Ballaststoffe spielen eine wesentliche Rolle in der Physiologie des Gastrointestinaltrakts. Sie modifizieren die Absorption von Nährstoffen (besonders Kohlenhydrate und Fette) im Dünndarm. Des Weiteren sind sie in der Lage Verdauungsenzyme und toxische Substanzen zu adsorbieren. Durch Bindung von Gallensäuren an lösliche Ballaststoffe wie Pektin, Psyllium und Guar kommt es zu einer vermehrten Ausscheidung dieser, was die Neusynthese der Gallensäuren steigert und sich positiv auf den Cholesterinspiegel auswirken kann. Überwiegend unlösliche Ballaststoffe wie Weizenkleie und Rübenballaststoff reduzieren die Ausscheidung und vor allem die Konzentration der Gallensäuren im Stuhl. Der Gehalt an sekundären Gallensäuren im Koloninhalt wird verringert, was für die Karzinoprophylaxe von Bedeutung ist. Sie beschleunigen die Darmpassage und haben Einfluss auf die Zusammensetzung der Faeces.

Die tägliche Ballaststoffzufuhr eines Erwachsenen in Europa beträgt durchschnittlich 20 g, in den USA nur 12-15 g. Die Ballaststoffzufuhr korreliert positiv mit dem sozialökonomischen Status: Gebildete Besserverdiener essen ballaststoffreicher als Angehörige der „Unterschicht“. Extrem niedrige Ballaststoffaufnahmen wurden bei alten Menschen beobachtet (7,6 g/Tag). Kleinkinder nehmen 5-7 g Ballaststoffe pro Tag zu sich. Der Wert Heranwachsender liegt bei 10-13 g pro Tag. Die von der Deutschen, Österreichischen und Schweizerischen Gesellschaft für Ernährung empfohlene tägliche Ballaststoffaufnahme liegt bei 30 g/Tag. Laut US National Academy of science sollten Frauen 25 g und Männer 38 g Ballaststoffe pro Tag zu sich nehmen [75].

Ein Apfel hat durchschnittlich einen Ballaststoffgehalt von 2 g/100 g, wobei es deutliche Unterschiede zwischen den einzelnen Sorten gibt. Die durchschnittliche Zusammensetzung der Apfelballaststoffe ist in Tab. 8 dargestellt:

Tab. 8: *Durchschnittliche Zusammensetzung der Apfelballaststoffe*

Ballaststoff	**Gehalt [mg/100 g]**
Polypentosen	370
Polyhexosen	182
Polyuronsäuren	880
Cellulose	558
Lignin	10
Wasserlösliche (gesamt)	476
Wasserunlösliche (gesamt)	1524

2.7.3.1.2 Fermentation zu kurzkettigen Fettsäuren

Ballaststoffe sind primär nicht als Nahrung verwertbar, können jedoch von der Dickdarmflora abgebaut werden. Der Abbauprozess durch bakterielle Enzyme stellt eine anaerobe Gärung dar, die als Fermentation bezeichnet wird. Wie Tab. 9 zeigt sind Ballaststoffe quantitativ und qualitativ unterschiedlich fermentierbar.

Tab. 9: *Fermentierbarkeit von Ballaststoffen [75]*

Ballaststoff	Fermentierbarkeit
Wasserlösliche	fast vollständig
Resistente Stärke	fast vollständig
Hemmicellulose	50-70 %
Cellulose	10-30 %
Lignin	kaum

Ballaststoffe ermöglichen die Symbiose des Makroorganismus mit Mikroorganismen. Die Bakterien des Darms bestreiten ihren Energiestoffwechsel fast ausschließlich aus Ballaststoffen, die sie mit Hilfe spezieller kohlenhydratspaltender Enzyme, die der Mensch selbst nicht besitzt abbauen. Bei der Fermentation entstehen die Gase CO_2, H_2 und CH_4 sowie die kurzzeitigen Fettsäuren (short chain fatty acids, SCFA) Essigsäure, Propionsäure und Buttersäure bzw. deren Salze Acetat, Propionat und Butyrat. Je Gramm fermentierbarer Ballaststoff entstehen 0,5-0,6 g SCFA [75].
Pektin besteht aus α-1,4-verknüpften α -Galakturonsäuren, deren Carboxylgruppen zum Teil mit Methanol verestert sind. Viele funktionelle Eigenschaften des Pektins (Gelbildung, Bindung von Metallionen) hängen von seiner Struktur (Molekulargewicht, Methylierungsgrad und Verteilung der freien und methylierten Carboxylgruppen der Galakturonsäurekette) ab. Physiologische Effekte wie Wechselwirkungen mit Gallensäuren oder Medikamenten *in-vitro* werden von der Pektinstruktur beeinflusst. Im Dünndarm bewirkt Pektin abhängig von seinem molekularen Status Interaktionen mit Gallensäuren was eine Senkung des Serumcholesterinspiegels zur Folge hat. Durch Fütterung von Pektin lässt sich die Zahl anaeroben Bakterie- und Bakterioidesstämmen erhöhen, die Pektin abbauen. Zu den anaeroben, pektinabbauenden Bakterien zählen Eubakterien, Clostridien und Bifidobakterien. Pektin wird nicht durch intestinale Enzyme abgebaut, wird aber mehr oder weniger vollständig durch die Mikroflora des Caecums abgebaut. Der Abbau ist ein mehrstufiger Prozess. Der erste Schritt ist die Depolimerisation unter Bildung von Oligo- und Monomeren

Galakturonsäuren, die durch Pektatlyase und Polygalakturonase katalysiert wird. Die Monomere werden über die Glykolyse und den Pentosephosphatweg spziellen Gährungen (gemischte Säuregährung, Milchsäuregährung, Propionsäuregährung und Buttersäuregährung) zugeführt zu deren Endprodukten die kurzkettigen Fettsäuren Acetat, Propionat und Butyrat zählen [14].

2.7.3.1.3 Kurzkettige Fettsäuren

Je Gramm fermentierbarer Ballaststoff entstehen 0,5-0,6 g SCFA, was einer verwertbaren Energie von 2 kcal/g Ballaststoff entspricht. Die Fermentationsleistung der Darmflora nimmt vom Caecum bis zum Rektum kontinuierlich ab. Der Großteil der entstehenden SCFA wird absorbiert, während ein kleiner Teil mit dem Chymus weitertransportiert wird. Ausgeschieden werden weniger als 5 %. Da die SCFA die hauptsächlichen Anionen im Dickdarm sind, senken sie den pH-Wert, der im Ileum um 7,0 liegt im Kolon in den schwach sauren Bereich. Durch Steigerung der Ballaststoffzufuhr lässt sich der pH-Wert auf unter 6,0 senken. Je nach Ballaststoffangebot, Kolonregion und Passagegeschwindigkeit variieren die Konzentrationen der drei SCFA. Im Durchschnitt ergibt sich ein molares Verhältnis von Acetat:Propionat:Butyrat von etwa 60:20:15. Sie werden rasch absorbiert und gehen verschiedene Wege. Acetat wird in der Muskulatur und der Leber, Propionat hauptsächlich in der Leber und Butyrat fast ausschließlich in der Kolonschleimhaut metabolisiert. Butyrat ist vor Glukose die Hauptenergiequelle des Kolonepithels [75].

Butyrat scheint eine wichtige Rolle bei der protektiven Wirkung von Ballaststoffen gegen Kolonkarzinome zu spielen. Die Inhibierung der Histonacetylierung ist einer der Effekte von Butyrat, die mit der Suppression von Kolonkarzinomen in Verbindung gebracht werden. Propionat zeigt hier nur geringe Effekte. Acetat hat sich als unwirksam herausgestellt. Es wird vermutet, dass die Histonacetylierung einer der wichtigsten Mechanismen der Genexpression ist. Acetyltransferasen übertragen Acetylgruppen auf den N-Terminus von Histonen während Histondeacetylasen an Histone gebundene Acetylgruppen lösen. Die Interaktion dieser beiden Faktoren führt zu einem charakteristischen Acetykierungsmuster, das die Anlagerung von Transkriptionsfaktoren und anderen regulatorischen Proteinen an bestimmte DNA-Sequenzen erlaubt und an anderen verhindert. Dieser Mechanismen der selektiven Genexpression ist vermutlich dafür verantwortlich, dass Histondeacetylaseinhibitoren zur Induktion der

Differenzierung und/oder zur Apoptose prekanzerogener und kanzerogener Zellen führen [82].

2.7.3.2 Phenolische Inhaltstoffe

Früchte und bestimmte Gemüse sind die wichtigsten Quellen für phenolische Antioxidanzien in der menschlichen Ernährung. Die tägliche Aufnahme von phenolischen Bestandteilen mit der westlichen Diät wird von Kahle et al. und Vrehovsek et al. mit 1 g angegeben. Davon sind 1/3 phenolische Säuren und 2/3 Flavonoide [27, 81].

Man unterscheidet fünf Gruppen von phenolischen Inhaltsstoffen in Äpfeln:

1. Flavanole: Sie machen mit 70-90 % den Großteil der phenolischen Inhaltstoffe in Äpfeln aus. Zu dieser Gruppe zählen unter anderem Catechine (auch Dimere und Oligomere).
2. Hydroxyzimtsäuren: Hauptbestandteil dieser Gruppe war in allen untersuchten Apfelsorten Chlorogensäure, gefolgt von p-Cumaroylchinasäure und p-Cumarsäure.
3. Flavonole: Die Flavonoide des Apfels sind ein Gemisch aus sechs Quercitinglykosiden. Freies Quercitin findet man nur in Spuren. Als Monosaccharide treten 3-Galaktoside, 3-Arabinoside, 3-Rhamnoside, 3-Xyloglykoside und 3-Rutinoside auf.
4. Dihydrochaalkone: Hauptkomponenten dieser Gruppe sind Phloridizin und Phlorethinxyloglukodid. Des Weiteren konnte 3-Hydroxyphloridizin nachgewiesen werden.
5. Anthocyane: In roten Äpfeln machen Anthocyane 1-3 % der gesamten Polyphenole aus. Die in Äpfeln vorkommenden Anthocyane sind eine Mixtur aus verschiedenen Cyanidinglykosiden von denen Cyanidin-3-Galaktosid gefolgt von 3-Arabinosid und 3-Xylosid den Hauptbestandteil bildet.

Der Gesamtgehalt an phenolischen Inhaltstoffen in den von Vrhorsek et al. analysierten Apfelsorten (Tafelobst) liegt zwischen 65 und 210 mg/100 g Frischgewicht [81]. Kahle et al. fand in Tafelobst einen Gehalt von 154-178 mg/L, in Mostobst wurden 261-970 mg/L gefunden [29, 81].

In von Kahle et al. untersuchten kommerziell erhältlichem naturtrübem Apfelsaft wurde ein Gesamtgehalt an phenolischen Inhaltsstoffen von 249 mg/L gefunden. In kommerziell erhältlichen klaren Apfelsäften lagen die Gehalte bei 110–173 mg/L [29].

Der Gehalt an phenolischen Inhaltsstoffen ist stark von der Sorte anhängig. Klare Apfelsäfte enthalten weniger phenolische Inhaltsstoffe als trübe. Laut Kahle et al ereichen bis zu 33 % der phenolischen Inhaltsstoffe aus Apfelsaft das Kolon. Im Durchschnitt sind es 14 % die das Kolon erreichen [30].

Oft erreichen die phenolischen Inhaltsstoffe das Kolon in veränderter Form. Kaffeesäure und Cumarsäure kommen in freier Form nicht im Kolon an. Kaffeeoylchinasäuren und Cumaroylchinasäuren werden in Chinasäure und Kaffeesäure bzw. Cumarsäure gespalten. Anschließend werden die freien Säuren mit Methanol verestert. Dieser Prozess findet in der Leber statt. Die entstehende Chinasäure kommt in freier Form im Kolon vor.

Phlorethinglykoside werden zum größten Teil bei der Darmpassage gespalten, so dass Phlorethin in freier Form im Kolon zu finden ist. Zum Teil wird das frei gewordene Phloretin in der Leber glucuronidiert. Phlorethin 2'-O-Xyloglukosid ist teilweise stabil und als solches im Kolon nachweisbar.

Oligomere Procyanidine werden laut Kahle et al. in kleinere Oligomere und Monomere (Epicatechin, Catechin) gespalten. Die Spaltprodukte werden resorbiert. Kahle et al. konnte weder Catechin noch die oligomeren Procyanidine B_1 und B_2 in der Ileostomaflüssigkeit nachweisen. Epicatechin konnte hingegen nachgewiesen werden. Andere Studien gehen davon aus, dass das bei der Spaltung entstehende Catechin und Epicatechin o-Methyliert und glucuronidiert werden.

Quercitinglykoside erreichen den Dickdarm teilweise unverändert. Zum Teil werden die Zuckerreste abgespalten [28, 30].

Studien haben gezeigt dass Flavonoide in der Lage sind eine Immunantwort zu modulieren und antiinflammatorisch zu wirken, indem sie die Arachidonsäurekaskade, den Mapkinase-Signalweg und den NF-κB-Signalweg hemmen [66]. Polyphenole wie Quercitin und Catechine wirken zum Beispiel inhibitorisch auf TNF-α, IL-1β und IL-10. Die Inhibierung von NF-κB wird als nutzvolle Therapiemöglichkeit bei der Behandlung von Entzündungen angesehen [66].

2.8 *In vivo* Modelle

2.8.1 DSS-Kolitis

Durch die orale Gabe von Dextransulfatesodium (DSS) kann eine akute oder chronische Form der Kolitis in Ratten induziert werden Die Verlaufsform ist stark vom Tierstamm und der Molkülgröße des DSS abhängig.
Die Induktion der Kolitis erfolgt durch toxische Effekte des DSS auf das mukosale Epithel, sowie durch die Phagozytose von DSS durch Makrophagen. Durch die resultierende Störung der epithelialen Barrierefunktion und die Präsentation des phagozytierten DSS kommt es zur Aktivierung des mukosalen Immunsystems. Das dabei sezernierte Zytokinprofil ist von der Koexistenz von T_{H1}- und T_{H2}- Zytokinen geprägt (IFN-γ, IL-4). Neben dem Zytokinprofil ähnelt die DSS-Kolitis aus histopathologisch der CU beim Menschen [10, 13, 42, 56].

2.8.2 TNBS-Kolitis

Das TNBS-Modell wird zur Simulation von MC verwendet. TNBS wird in einem ethanolhaltigen Hydroxyethylcellulosegel direkt ins Kolon appliziert. Durch das im Gel enthaltene Ethanol wird die Schleimschicht auf der Kolonoberfläche, die für die Barrierefunktion des Darms von entscheidender Bedeutung ist abgelöst. Aufgrund der beeinträchtigten Barrierefunktion kann TNBS dann in das Gewebe eindringen, wo es als Hapten wirkt und eine Immunreaktion auslöst, die zu einer transmuralen Entzündung führt, die T_{H1} geprägt ist (TNF-α, IFN-γ) und der des MC ähnelt. Da die Entzündung bei diesem Modell durch die Kombination von zwei Substanzen (Ethanol und TNBS) ausgelöst wird müssen neben der TNBS-Gruppe zwei Kontrollgruppen mitgeführt werden. Eine Gruppe in welcher die Tiere Gel verabreicht bekommen, das weder TNBS noch Ethanol enthält (Wasser-Gel) und eine Gruppe die ethanolhaltiges Gel verabreicht bekommt, das kein TNBS enthält (EtOH-Gel) [72, 83].

2.9 *In Vitro* Modell

2.9.1 Mono Mac 6

Bei Mono-Mac-6 Zellen handelt es sich um eine humane Monozyten/Makrophagenzelllinie. Die Zelllinie wurde 1985 aus dem peripheren Blut eines 64 Jahre alten Mannes isoliert, der an akuter monozytischer Leukämie litt.

Die Zellen sind klein und rundlich und wachsen in Suspensionskultur. Die Zellen liegen einzeln beziehungsweise bei hoher Zelldichte in kleinen Clustern vor. Die Verdoppungszeit beträgt 24 h. Abb. 23 zeigt die Zellen:

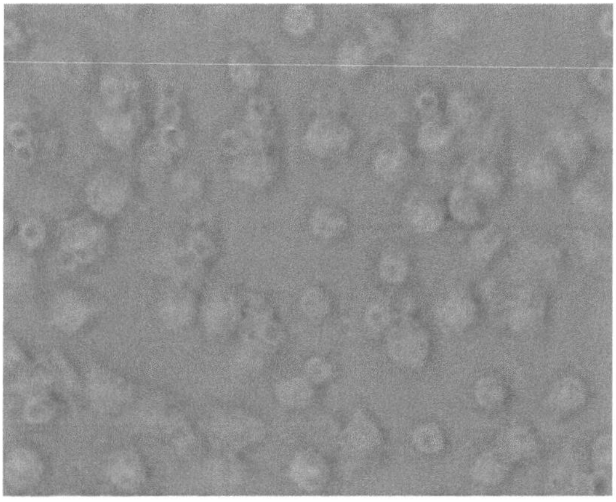

Abb. 23: *Mono Mac 6*

Die Oberfläche der Zellen ist durch folgende Oberflächenmoleküle gekennzeichnet: CD3-, CD13-, CD15+, CD19-, CD33+, CD34-, CD68+, HLA-DR(+) [88, 89].

2.9.2 Lipopolysaccharid

LPS ist die Hauptkomponente der äußeren Membran gram-negativer Bakterien. Dort ist es wie in Abb. 24 dargestellt als Teil der äußeren Membran auf eine Lipidschicht aufgelagert [74]:

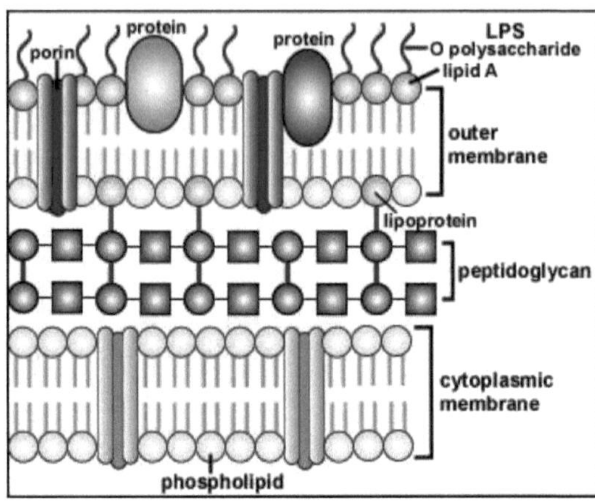

Abb. 24: *Bakterienzellwand gram-negativer Bakterien [67]*

LPS besteht aus drei Teilen. Dem Lipid A, mit dem es an der Lipidschicht verankert ist, der Kernregion und der o-spezifischen Seitenkette, auch o-Antigen genannt. Bei Lipid A handelt es sich um ein Phospholipid, dessen Fettsäuren mit einem Disaccharid aus Glukosephosphat verestert ist. Die hydrophile Kernregion ist aus definierten Poly- und Oligosacchariden aufgebaut. Sie ist über 2-Keto-3-Desoxyoctonsäure kovanlent an Lipid A gebunden. Bei der o-spezifischen Seitenkette handelt es sich um eine hydrophile Seitenkette, die aus sich wiederholenden und verzweigten Polysaccharideinheiten aufgebaut ist. Je nach Bakterienstamm zeigen die Ketten unterschiedliche Verzweigungen, was zu einer großen Variabilität der Sruktur des LPS führt [18].

Abb. 25 stellt die Struktur von LPS dar:

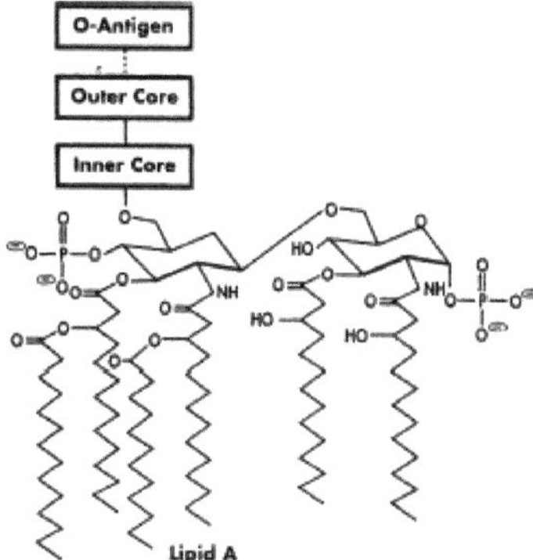

Abb. 25: *Struktur von LPS [46]*

Bei Kontakt der Zellen mit LPS wird dieses mit LPS bindendem Protein (LBP) komplexiert. Bei LBP handelt es sich um ein Protein, welches sich sowohl im Blutplasma als auch auf Makrophagen und Monozyten befindet. Das opsonierte LPS wird von dem auf Monozyten und Makrophagen ansässigen Oberflächenprotein CD_{14} erkannt und zu einem Komplex des Proteins MD-2 mit dem Toll-like-Rezeptor 4 (TLR-4) transferiert. Durch die Aktivierung des TLR-4 wird eine ganze Signalkaskade ausgelöst an dessen Ende verschiedene Transkriptionsfaktoren stehen. Zu ihnen zählt auch NF-κB, welches an der Sekretion verschiedener Immunproteine wie zum Beispiel TNF-α beteiligt ist (siehe Kapitel 2.2).

In Abb. 26 ist die Aktivierung von Monozyten durch LPS dargestellt [46]:

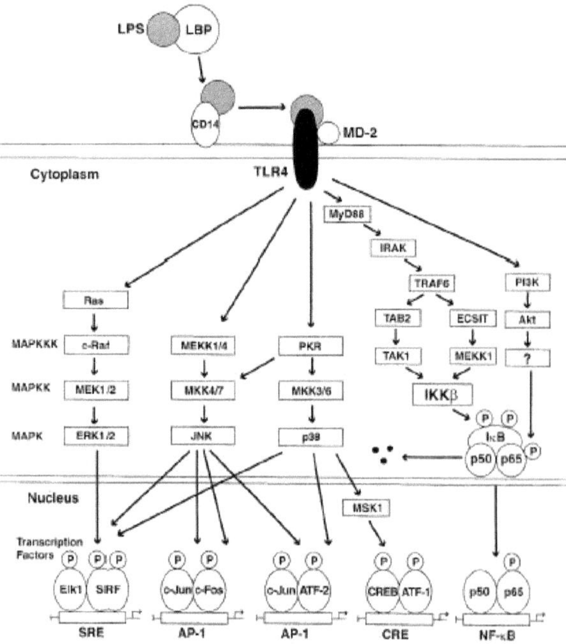

Abb. 26: *Aktivierung von Monozyten durch LPS [46]*

3. Experimenteller Teil

3.1 *In vivo* Versuche

3.1.1 DSS-Kolitis

3.1.1.1 Zeitlicher Verlauf der DSS-Kolitis

Die diesem Versuch wurden männliche Sprague Dawley Ratten mit einem Anfangsgewicht von 270-300 g eingesetzt. Den Tieren wurde zehn Tage lang eine 3%ige DSS-Lösung ad libitum beziehungsweise Trinkwasser angeboten. Im Anschluss daran wurde allen Tieren sieben Tage lang ad libitum Trinkwasser angeboten. Die Entnahme der Proben erfolgte von Tag 1 bis 14 jeweils bei zwei DSS behandelten und zwei Kontrolltieren.

3.1.1.2 Akute DSS-Kolitis

Bei der Durchführung dieser Studie wurden vier Säfte eingesetzt: Kontrollsaft 2006, Apfelmark 2006, naturtrüber Apfelsaft 2006 und klarer Apfelsaft 2006. Pro Behandlungsgruppe wurden acht männliche Sprague Dawley Ratten mit einem Anfangsgewicht von 270-300 g verwendet. Die Tiere bekamen sieben Tage die entsprechenden Säfte ad libitum anstelle von Trinkwasser angeboten. Anschließend wurde den Tieren zehn Tage eine 3%ige DSS-Lösung ad libitum anstelle von Trinkwasser beziehungsweise Trinkwasser angeboten. Im Anschluss daran wurde den Tieren erneut sieben Tage lang ad libitum der entsprechende Saft anstelle von Trinkwasser gereicht, so dass sich eine Gesamtbehandlungszeit von 24 Tagen ergab. Die Probenahme erfolgte an Tag 24.

3.1.1.3 Chronische DSS-Kolitis

Bei der Durchführung dieses Versuchs wurden vier Säfte eingesetzt: Kontrollsaft 2006, Apfelmark 2006, naturtrüber Apfelsaft 2006 und klarer Apfelsaft 2006. Pro Behandlungsgruppe wurden acht männliche Sprague Dawley Ratten mit einem Anfangsgewicht von 100-125 g gewählt. Die Tiere bekamen zehn Tage lang die entsprechenden Säfte ad libitum anstelle von Trinkwasser angeboten. Anschließend wurde den Tieren vier Tage eine 5 %ige DSS-Lösung ad libitum anstelle von Trinkwasser beziehungsweise Trinkwasser gereicht. Dieses 14-tägige Behandlungsschema wurde vier Mal wiederholt, so dass sich eine Gesamtbehandlungszeit von 56 Tagen ergab. Die Probenentnahme erfolgte an Tag 56. Das Behandlungsschema wurde in Anlehnung an Kullmann et al. gewählt [37].

3.1.2. TNBS-Kolitis

Bei der Durchführung dieser Studie wurden vier Säfte eingesetzt: Kontrollsaft 2007, Apfelmark 2007, naturtrüber Apfelsaft 2007 und klarer Apfelsaft 2007. Pro Behandlungsgruppe wurden sechs männliche Sprague Dawley Ratten mit einem Anfangsgewicht von 180-200 g eingesetzt. Es wurden drei Behandlungsgruppen gewählt. Einer Gruppe wurde ein Gel verabreicht, das sowohl Ethanol als auch TNBS enthält (TNBS-Gel). Dazu wurde eine Kontrollgruppe mitgeführt, der ein ethanolhaltiges Gel verabreicht wurde (Ethanol-Gel) zu der wiederum eine Kontrolle mitgeführt wurde, der ein Gel verabreicht wurde, welches anstelle von Ethanol 0,9%ige NaCl-Lösung enthielt (NaCl-Gel). Die Tiere wurden an ersten und vierten Tag der Studie durch Injektion von TNBS sensibilisiert. An Tag acht erfolgte die rektale Verabreichung der entsprechenden Gele. Die Entnahme der Proben wurde am elften Tag durchgeführt. Während der gesamten elftägigen Behandlungszeit wurde den Tieren der entsprechende Saft ad libitum anstelle von Trinkwasser angeboten.

Die Probenahme erfolgte an Tag elf. Das Behandlungsschema wurde in Anlehnung an Villegas et al. und Morris et al. gewählt [49, 78].

3.1.2.1 Sensibilisierung

Die Tiere werden mit Diethylether narkotisiert. Anschließend wird ihnen die Sensibilisierungslösung injiziert.

Protokoll:

Reagenzien und Lösungen siehe Anhang

Die Tiere werden mit Diethylether betäubt. Anschließend wird ihnen 100 µL der Sensibilisierungslösung (TNBS-Tiere) bzw. 0,9 % steriles NaCl (EtOH-Tiere, NaCl-Tiere) ins Peritoneum injiziert.

3.1.3 Rektale Behandlung

Dem narkotisierten Tier wird mit einer Schlundsonde das entsprechende Gel rektal verabreicht.

Protokoll:

Reagenzien und Lösungen siehe Anhang

Die Tiere werden mit Diethylether betäubt. Anschließend wird ihnen 250 µL Ketaminlösung (50 mg/kg b.w.) ins Peritoneum injiziert. Dem narkotisierten Tier werden anschließend 300 µL des entsprechenden Gels verabreicht, was bei den TNBS-Tieren einer Dosis von 40-45 mg/kg b.w. TNBS entspricht. Dazu wird eine Schlundsonde ungefähr 3 cm weit ins Kolon eingeführt und das Gel mit Hilfe einer Spritze über diese verabreicht. Die behandelten Tiere werden 1-2 min kopfüber gehalten. Während dieser Zeit wird der Bauch massiert und die Hinterbeine bewegt. Um ein Austrocknen der Augen während der Narkose zu verhindern werden diese regelmäßig mit 0,9 % sterilem NaCl getropft.

3.1.3 Probenahme

Die Tiere werden mit Diethylether betäubt und getötet. Anschließend werden Blut- und Gewebeproben entnommen.

Protokoll:

Reagenzien und Lösungen siehe Anhang

Variante 1:

Die Tiere werden mit Diethylether betäubt und mit Hilfe einer Guillotine dekapitiert. Während des anschließenden Ausblutens wird 1 mL Blut aufgefangen. 100 µL Blut werden in ein Eppendorfgefäß mit 10 µL Heparin (1.000 U) gegeben. Es wird zur Bestimmung der Gesamtleukozytenzahl sowie deren Charakterisierung verwendet. Das restliche Blut wird gerinnen gelassen. Anschließend wird das geronnene Blut bei 2.000 g 20 min bei 4 °C zentrifugiert. Das Serum wird abgenommen und bei –80 °C eingefroren. Das Serum soll zur Bestimmung der Zytokine eingesetzt werden.

Dem Tier wird der Bauchraum geöffnet und das Kolon herauspräpariert. Das Kolon wird mit 0,9 %iger NaCl Lösung gespült und der Länge nach aufgeschnitten. Es wird je eine 3 mm breite Probe aus dem aufsteigenden, horizontalen und absteigenden Ast des Kolons entnommen und in ein Eppendorfgefäß mit 4 %iger Formalinlösung gegeben. Die Proben werden zur histologischen Untersuchung eingesetzt. Der Rest des Darms wird der Länge nach halbiert. Je eine Hälfte kommt in ein Eppendorfgefäß und wird, nachdem sie in flüssigem Stickstoff schockgefroren wurde bei –80 °C eingefroren. Die Proben werden zur Bestimmung der Immunparameter verwendet.

Diese Methode wurde bei der Untersuchung des zeitlichen Verlaufs der Entzündung verwendet.

Variente 2:

Die Tiere werden mit Diethylether betäubt und mit Hilfe einer Guillotine dekapitiert. Während des anschließenden Ausblutens wird 1 mL Blut aufgefangen. 100 µL Blut werden in ein Eppendorfgefäß mit 10 µL Heparin (1.000 U) gegeben. Es wird zur Bestimmung der Gesamtleukozytenzahl sowie deren Charakterisierung verwendet. Das restliche Blut wird gerinnen gelassen. Anschließend wird das geronnene Blut bei 2.000 g 20 min bei 4 °C zentrifugiert. Das Serum wird abgenommen und bei –80 °C eingefroren. Das Serum soll zur Bestimmung der Zytokine eingesetzt werden.

Dem ausgebluteten Tier wird der Bauchraum geöffnet und das Kolon herauspräpariert. Nach dem Entfernen der Faeces wird je eine 3 mm breite Probe aus dem aufsteigenden, horizontalen und absteigenden Ast des Kolons entnommen und in ein Eppendorfgefäß mit 4 % iger Formalinlösung gegeben. Die Proben werden zur histologischen Untersuchung eingesetzt. Der Rest des Darms wird der Länge nach halbiert. Je eine Hälfte kommt in ein

Eppendorfgefäß und wird, nachdem sie in flüssigem Stickstoff schockgefroren wurde bei –80 °C eingefroren. Die Proben werden zur Bestimmung der Immunparameter verwendet. Milz, Leber, Faeces aus dem Caecum und dem Kolon werden ebenfalls bei -80 °C eingefroren.
Diese Methode wurde bei dem aktuten DSS-Modell verwendet.

Variante 3:
Die Tiere werden mit Diethylether betäubt und mit Hilfe einer Guillotine dekapitiert. Während des anschließenden Ausblutens werden 2 mL Blut aufgefangen. 1 mL Blut wird in ein Eppendorfgefäß mit 100 µL Heparin (1.000 U) gegeben. Es wird zur Bestimmung der Gesamtleukozytenzahl sowie deren Charakterisierung und zur Gewinnung von Blutplasma verwendet. Dazu wird die Probe bei 4 °C 10 min bei 1.000 g zentrifugiert. Das restliche Blut wird zwei Stunden bei RT gerinnen gelassen. Anschließend wird das geronnene Blut bei 2.000 g 20 min bei 4 °C zentrifugiert. Das Serum wird abgenommen und bei –80 °C eingefroren. Das Serum soll zur Bestimmung der Zytokine eingesetzt werden.
Dem ausgebluteten Tier wird der Bauchraum geöffnet und das Kolon herauspräpariert. Nach dem Entfernen der Faeces wird je eine 3 mm breite Probe aus dem aufsteigenden, horizontalen und absteigenden Ast des Kolons entnommen und in ein Eppendorfgefäß mit 4 % iger Formalinlösung gegeben. Die Proben werden zur histologischen Untersuchung eingesetzt. Der Rest des Darms wird der Länge nach in vier Streifen geschnitten. Einer der Streifen wird in 50 µL Ripapuffer und 25 µL Proteiaseinhibitorcoctail bei -80 °C eingefroren. Er wird für die Bestimmung der Immunparameter mittels Westerblot und enzymgekoppeltem Immunnachweis eingesetzt. Die anderen Streifen werden ohne Puffer bei -80 °C eingefroren. Milz, Leber, Faeces aus dem Caecum und dem Kolon werden ebenfalls bei -80 °C eingefroren. Die Milz soll zur Bestimmung der Immunparameter herangezogen werden. Die Faeces dienen der Analyse des Spektrums an kuzkettigen Fettsäuren. Eventuell für die Positivkontrolle des Westernblots entnommenes Gehirn wird mit 1 mL Pipapuffer und 50 µL Proteaseinhibitorcoctail bei -80 °C eingefroren.
Diese Methode wurde bei dem chronischen DSS-Modell und bei dem TNBS-Modell verwendet.

3.2 *In Vitro* Versuch

Zur Durchführung der *in vitro* Versuche wird die humane Monozyten/Makrophagenzelllinie Mono Mac 6 verwendet. Ziel der Versuche ist, den Einfluss verschiedener Apfelinhaltsstoffe auf das Zytokinprofil der Zellen zu untersuchen. Die Auswahl der phenolischen Apfelsaftinhaltsstoffe sowie deren Inkubationskonzentrationen erfolgte aufgrund einer Studie in welcher Probanden einen Liter naturtrüben Apfelsaft tranken. Zwei Stunden nach Genuss des Saftes wurden die Konzentrationen verschiedener phenolischer Stoffe im Ileostomabeutelinhalt bestimmt [48]. Die Inkubationskonzentrationen der SCFA wurden aufgrund einer Metabolismusstudie mit Pektin gewählt. Die Konzentrationen an Apfelsaftextrakt entsprechen 10 % der Menge an Extrakt, die durchschnittlich aus einem Liter Apfelsaft erhalten wird. 10 % der Extraktmenge wurden gewählt, da ungefähr 10 % der ursprünglichen Konzentrationen der Inhaltsstoffe des Saftes in den Ileostomabeuteln wieder gefunden wurden. Um den Apfelsaftinhaltsstoffen die Chance zu geben in die Zellen einzudringen wurde eine Stunde vor der Stimulation mit LPS vorinkubiert. Die Gesamtinkubationszeit der Apfelsaftinhaltsstoffe von 3,5 h orientiert sich an der Passagezeit. Die Konzentration und die Inkubationszeit von LPS wurde in Anlehnung an die Diplomarbeit von C. Geiger gewählt.

3.2.1 Auftauen der Zellen

Die Zellen werden aufgetaut und vom Einfriermedium ins Kulturmedium überführt.

<u>Protokoll:</u>

Reagenzien und Lösungen siehe Anhang

Die Zellen werden dem Stickstofftank entnommen und zügig im 37 °C warmen Wasserbad aufgetaut. Die Zellen werden tropfenweise mit 10 mL Medium versetzt und 5 min bei 500 g und RT zentrifugiert. Der Überstand wird abgesaugt und das Pellet in 15 mL Medium resuspendiert. Anschließend werden die Zellen wie in Kapitel 3.2.2 beschrieben kultiviert.

3.2.2 Zellkultur

Die Zellen werden unter sterilen Bedingungen in entsprechendem Nährmedium bei geeigneter Temperatur und Feuchtigkeit kultiviert.

Protokoll:

Reagenzien und Lösungen siehe Anhang

Die Zellen werden bei 37 °C, einem CO_2–Gehalt von 5 % unter sterilen Bedingungen in 250 mL Suspensionskulturflaschen kultiviert. Zwei mal pro Woche werden die Zellen 1:3 gesplittet. Dazu wird die Kulturflasche wird aus dem Brutschrank entnommen. Unter dem Mikroskop werden die Zellen begutachtet. Sehen die Zellen vital aus werden 8 mL Zellsuspension zu 16 mL auf 37 °C vorgewärmtes Kulturmedium in eine frische 250 mL Kulturflasche gegeben.

3.2.3 Einfrieren der Zellen

Die Zellen werden in Einfriermedium überführt und eingefroren.

Protokoll:

Reagenzien und Lösungen siehe Anhang

Der Inhalt einer vollen 250 mL Kulturflasche wird 5 min bei RT und 100 g zentrifugiert. Der Überstand wird abzentrifugiert und das Pellet in 1 mL Einfriermedium resuspendiert. Die Zellen werden zunächst über Nacht bei –80 °C gelagert bevor sie zur endgültigen Lagerung in flüssigen Stickstoff überführt werden.

3.2.4 Zellinkubation

Die Zellen werden 24 h vor der Inkubation mit einer definierten Zelldichte ausgesät und auf FKS freies Medium umgestellt. Die Zellen werden mit Apfelsaftinhaltstoffen vorinkubiert bevor mit LPS Koinkubiert wird.

Protokoll:

Reagenzien und Lösungen siehe Anhang

Der Inhalt einer vollen 250 mL Kulturflasche wird in ein Falkon überführt und 5 min bei 100 g und RT zentrifugiert. Das Überstehende Medium wird abgesaugt und das Pellet in 25 mL FKS freiem Medium aufgenommen. Mit Hilfe der Neubauerzählkammer wird die Zellzahl bestimmt: Dazu wird ein Teil der Zellsuspension mit einem Teil Tryphanblau versetzt und die gefärbte Zellsuspension in die Zählkammer eingefüllt. Die Lebendzellzahl wird durch auszählen von vier Großquadrat bei 40facher Vergrößerung unter dem Mikroskop bestimmt Die Zellzahl errechnet sich wie folgt:

$$\frac{Zellzahl}{\mathrm{mL}} = MittelwertZellzahljeGroßquadrat \cdot 10000 \cdot Verdünnungsfaktor$$

Zeigt die Zellsuspension eine Vitalität von mindestens 95 % wird sie mit FKS freiem Medium auf 1 Mio Zellen/mL verdünnt. Anschließend werden je 7 mL der Zellsuspension in eine 50 mL Suspensionskulturflasche gegeben und 24 h im Brutschrank kultiviert.

Zu den ausgesäten Zellen werden die in Tab. 9 angegebenen Mengen an Apfelsaftinhaltsstoffen gegeben:

Tab. 10: *Inkubationsschema in vitro Modell*

Substanz	**Konzentration**	**Lösungsmittel**	**Substanzmenge zum inkubieren [µL]**	**Menge DMSO [µL]**	**Endkonzentration**
Medium	0	-	0	0	100 %
DMSO	0	-	0	35	0,5 %
Chlorogensäure	0,1131 g/5 mL	DMSO	5	30	45,6 µM
p-Cumarsäure-methylester	0,0236 g/5 mL	DMSO	5	30	18,9 µM
Epicatechin	0,0208 g/5 mL	DMSO	5	30	10,26 µM
Kaffeesäure-methylester	0,0268 g/5 mL	DMSO	5	30	19,7 µM
Phlorethin	0,0036 g/5 mL	DMSO	5	30	1,89 µM
Quercitrin	0,0017 g/5 mL	DMSO	5	30	0,54 µM
Acetat	0,2098 g/5 mL	H_2O	100	35	11,73 mmol/L
Propionat	0,0332 g/5 mL	H_2O	10	35	0,075 mmol/L
Butyrat	0,0305 g/5 mL	H_2O	5	35	0,075 mmol/L
alle obigen	alle obigen	alle obigen	alle obigen	5	alle obigen
Apfelextrakt 06	14 mg/ 100 µL	DMSO	5	30	0,1 mg/mL
Apfelextrakt 07	14 mg/ 100 µL	DMSO	5	30	0,1 mg/mL
Menadion	6,026 mg/3 mL	DMSO	30	5	50 µM

Anschließend werden die Zellen 1 h im Brutschrank inkubiert. Zu den Zellen, die stimuliert werden sollen werden 35 µL LPS (1 mg/mL in 0,9 % NaCl) gegeben was einer Enkonzentration von 5 µg/mL LPS entspricht. Sowohl die stimulierten als auch die unstimulierten Zellen werden für weitere 2,5 h im Brutschrank inkubiert.

3.2.5 Zellernte

Nach der Inkubation werden die Zellen zentrifugiert und sowohl das Pellet als auch der Mediumüberstand eingefroren.

Protokoll:

Reagenzien und Lösungen siehe Anhang

Die Zellsuspension wird in ein Falkon überführt und 5 min bei 100 g und RT zentrifugiert. Anschließend werden 1 mL Aliquots des Mediums abgenommen und mit je 1 µL Proteinaseinhibitorcoctail versetzt. Die Proben werden bei – 80 °C gelagert. Die Aliquots sollen zur Bestimmung von Immunproteinen verwendet werden. Der restliche Überstand mit dem Pellet wird 5 min bei 400 g und RT zentrifugiert und das Medium abgesaugt. Anschließend wird das Pellet mit 2 mL PBS aufgenommen. Je 1 mL wird in ein Eppendorfgefäß gefüllt und 5 min bei 400 g und 4 °C zentrifugiert. Das Medium wird abgesaugt und die Pellets bei –80 °C gelagert. Die Pellets sollen zur RNA-Isolation verwendet werden.

3.3 Analysen

3.3.1 Gesamtleukozytenzahl

Zur Bestimmung der Leukozytenzahl werden die heparinhaltigen Blutproben verwendet. Die Erythrozyten werden durch Zugabe von Essigsäure zerstört. Anschließend wird die Leukozytenzahl mit Hilfe einer Neubauer-Zählkammer und eines Mikroskops bestimmt.

Protokoll:

Reagenzien und Lösungen siehe Anhang

10 µL der Probe werden mit 90 µL 4 %iger Essigsäure gemischt. Die Auszählung der Zellen erfolgt bei 40 facher Vergrößerung, indem der Mittelwert aus vier ausgezählten Großquadraten bestimmt wird.

3.3.2 Leukozytencharakterisierung

Zur Charakterisierung der Lymphozyten werden Blutausstriche aus den heparinhaltigen Blutproben angefertigt. Die Ausstriche werden nach Pappenheim mit May-Grünwald- und Giemsa-Lösung angefärbt, wodurch die unterschiedlichen Kernstrukturen der verschiedenen

Leukozytenarten sichtbar werden. May Grünwald-Lösung enthält den basischen Farbstoff Methylenblau, das Zellbestandteile die negative Ladungen tragen bläulich anfärbt. Giemsa-Lösung enthält die sauren Farbstoffe Azur A-Eosinat, Azur B-Eosinat und Methylenblau-Eosinat.
Mit Hilfe des Mikroskops wird die Anzahl der einzelnen Leukozytenarten bestimmt.

Protokoll:

Reagenzien und Lösungen siehe Anhang
4 µL Blut werden auf die schmale Seite des Objektträgers aufgetragen. Ein zweiter Objektträger wird in einem 45° Winkel an den Bluttropfen gehalten. Hat sich der Tropfen an der schmalen Seite des Objektträgers verteilt wird er gleichmäßig auf dem Objektträger ausgestrichen.
Auf den getrockneten Ausstrich werden 500 µL May-Grünwaldlösung aufgetragen und drei Minuten einwirken gelassen. Die Lösung wird mit Wasser abgespült. Mit einer Transferpipette wird 1:10 verdünnte Giemsalösung aufgetragen, bis der Objektträger vollständig bedeckt ist. Die Lösung wird für 15 min auf dem Objektträger belassen. Während dieser Zeit ist der Objektträger abzudecken um eine Austrocknung zu vermeiden. Die Lösung wird anschließend mit Wasser abgespült und der getrocknete Objektträger zur Mikroskopie eingesetzt. Die Charakterisierung der Lymphozyten wird bei 250 facher Vergrößerung vorgenommen. Um die prozentualen Verhältnisse der verschiedenen Leukozytenarten zu bestimmen wird die Anzahl jeder Leukozytenart bei 100 gezählten Leukozyten bestimmt. Mit Hilfe der Gesamtleukozytenzahl lässt sich nun die Anzahl der verschiedenen Leukozytenarten berechnen.

3.3.3 RNA-Isolation

Mit Hilfe verschiedener Methoden lässt sich aus Gewebe und Zellen RNA isolieren. Bei den hier verwendeten Verfahren handelt es sich um Methoden zur Isolation der GeamtRNA. Das heißt das neben der gewünschten Messenger RNA (mRNA) auch ribosomale RNA (rRNA) und TransferRNA (tRNA) isoliert wird.

3.3.3.1 RNA-Isolation mittels Trizol

Die Isolation der RNA erfolgt mit TRIZOL. Trizol ist eine einphasige Lösung aus Phenol und Guanidiumisothiocyanat (GITC). GITC ist ein chaotropes Salz, welches zur Lyse der Zell- und Kernmembran führt. GITC zerstört die Sekundärstruktur von Proteinen, während die der Nukleinsäuren, durch den Schutz mit Phenol erhalten bleibt. Durch Zugabe von Chloroform und anschließender Zentrifugation wird die RNA extrahiert. Die Extrahierte RNA wird mit Isopropanol ausgefällt und mit Ethanol gewaschen bevor die saubere RNA in RNAse freiem Wasser aufgenommen wird.

Der RNA Gehalt wird durch Messung der Absorption bei 260 nm bestimmt, wobei eine Absorption von 1,0 einer RNA Menge von 40 µg/mL entspricht. Um Verunreinigungen der RNA zu erkennen werden die Quotienten der Absorption bei 260/ 280 nm und 260/230 nm bestimmt. Ersterer dient dazu Verunreinigungen mit Proteinen zu erkennen, letzterer zur Detektion niedermolekularer Substanzen. Optimalerweise sollten beide Quotienten ungefähr 2 betragen.

Diese Methode wurde zur RNA-Isolation aus dem Darmgewebe verwendet.

Protokoll:

Reagenzien und Lösungen siehe Anhang

Zur gefrorenen Probe werden pro 100 mg Gewebe 430 µL RNAse freies Trizol gegeben. Die Probe wird bei 140 rpm auf Eis mit dem Potter homogenisiert. Das Homogenat wird in ein steriles Gelbdeckelröhrchen überführt und für 5 min bei RT inkubiert. Pro Milliliter verwendetes Trizol werden 200 µL RNAse freies Chloroform zugegeben. Die Lösung wird 15 s lang kräftig geschüttelt und genau 3 min bei RT inkubiert. Die Lösung wird bei 10.000 g und 4 °C 20 min zentrifugiert. Nach dem zentrifugieren erhält man drei Schichten. Die oberste (gelbe) Schicht wird abgenommen und mit der gleichen Menge RNAse freiem Isopropanol gemischt. Die Lösung wird 10 min bei RT inkubiert. Anschließend wird die Lösung 15 min bei 10.000 g und 4 °C abzentrifugiert. Der Überstand wird abgesaugt und das Pellet mit der der zu Beginn entsprechenden Menge an 75 %igem RNAse freiem Ethanol resuspendiert. Die Lösung wird 10 min bei 10.000 g und 4 °C abzentrifugiert, der Überstand abgesaugt und das Pellet wie beschrieben mit 75 %igem RNAse freiem Ethanol resuspendiert und erneut abzentrifugiert. Nach Absaugen des Überstands wird das Pellet trocknen gelassen und anschließend mit 1 mL RNAse freiem Wasser aufgenommen. Die RNA Konzentration wird durch Messung der Absorption bei 260 nm bestimmt. Die isolierte RNA wird bei –80 °C gelagert.

3.3.3.2 RNA-Isolation mittels RNeasy Mini Kit

Mittels Guanisinisothiocyanat und einer speziellen Schreddersäule werden die Zellen lysiert und homogenisiert. Um die Bindung der RNA an die Isolationssäule zu erhöhen wird das Homogenat zusammen mit Ethanol auf die Silicasäule gegeben. Die an die Membran gebundene RNA wird gewaschen und anschließend mit RNAse freiem Wasser eluiert.
Der RNA Gehalt wird durch Messung der Absorption bei 260 nm bestimmt, wobei eine Absorption von 1,0 einer RNA Menge von 40 µg/mL entspricht. Um Verunreinigungen der RNA zu erkennen werden die Quotienten der Absorption bei 260/280 nm und 260/230 nm bestimmt. Ersterer dient dazu Verunreinigungen mit Proteinen zu erkennen, letzterer zur Detektion niedermolekularer Substanzen. Optimalerweise sollten beide Quotienten ungefähr 2 betragen.

Protokoll:

Reagenzien und Lösungen siehe Anhang
Das bei –80 °C eingefrorene Zellpellet wird langsam auf Eis aufgetaut. Dann werden 600 µL RLT-Puffer zugegeben und die Zellsuspension auf die Schreddersäule gegeben. Es wird bei 20 °C und 15.000 g 2 min zentrifugiert. Zu dem Durchfluss werden 600 µL Ethanol (70 %) gegeben. 600 µL der Suspension werden auf die Silicasäule aufgegeben. Anschließend wird 25 s bei 20°C und 8.500 g zentrifugiert. Der Durchfluss wird verworfen. Die übrigen 600 µL werden auf die Silicasäule gegeben und erneut bei 25 s bei 20°C und 8.500 g zentrifugiert. Der Durchfluss wird verworfen. Nach Zugabe von 700 µL RW1-Puffer wird 25 s bei 20 °C und 8.500 g zentrifugiert und der Durchfluss verworfen. Dann werden 500 µL RPE-Puffer auf die Säule gegeben und 25 s bei 20°C und 8.500 g zentrifugiert. Der Durchfluss wird verworfen. Erneut werden 500 µL RPE-Puffer auf die Säule gegeben. Es wird 2 min bei 20°C und 8.500 g zentrifugiert und der Durchfluss verworfen. Anschließend wird die Säule 1 min bei 20 °C und 15.000 g zentrifugiert. Die Säule wird in ein Eppendorfgefäß gestellt. Dann werden 50 µL RNAse freies Wasser auf die Säule gegeben und 1 min bei 20 °C und 8.500 g zentrifugiert. Die RNA Konzentration wird durch Messung der Absorption bei 260 nm

bestimmt. Die isolierte RNA wird bei –80 °C gelagert. Diese Methode der RNA-Isolation wurde zur Isolation der RNA aus den Mono Mac 6 Zellen eingesetzt.

3.3.4 RNA-Gelelektrophorese

Um zu kontrollieren, ob die isolierte RNA intakt und nicht verunreinigt ist wird die RNA-Gelelektrophorese durchgeführt. Da fast die Gesamte isolierte RNA aus rRNA besteht erhält man als Ergebnis zwei Banden (18s und 28s), die den Größen der beiden Untereinheiten der rRNA entsprechen. Zur Beurteilung der RNA-Qualität geht man davon aus, dass beim vorliegen intakter rRNA auch die mRNA intakt ist. Degenerierte RNA würde bei diesem Verfahren durch das Auftreten zusätzlicher Banden und das Verschmieren der eigentlichen Banden angezeigt. Die Banden sind durch Färbung mit Ethidiumbromid im UV-Licht sichtbar.

Protokoll:

Reagenzien und Lösungen siehe Anhang

Die 1,5 g Agarose werden mit 100 mL 1X MOPS gemischt und in der Mikrowelle zum kochen gebracht. Die Agarose wird unter zwischenzeitlichem Umschwenken so lange erhitzt bis sie vollständig gelöst ist. Die Elektrophoresekammer wird mit Agarose abgedichtet. Wenn die Agarose zwei Minuten abgekühlt ist wird 10 mL Formaldehyd zugegeben. Das Gel wird in die Kammer gegossen und eine Stunde abkühlen gelassen, bevor es mit 1X MOPS überschichtet wird.

10 µL der auf 100 ng/µL verdünnten RNA Proben werden mit 5 µL Auftragspuffer-Gebrauchslösung vermischt und 5 min auf 70 °C erhitzt.

Das Gel wird mit je 15 µL der Proben beladen. Anschließend werden die Proben 1 h lang bei einer Spannung von 90 V elektrophoretisch getrennt. Anschließend erfolgt die Detektion der Gele im UV-Licht.

3.3.5 Reverse Transcriptase real-time quantitative Polymerasekettenreaktion

Die Reverse Transkriptase real-time quantitative Polymerasekettenreaktion (RT RTQ-PCR) besteht aus zwei Teilen: Der reversen Transkription (RT) und einer anschließenden real time Quantitativen PCR (RTQ-PCR).

3.3.5.1 Reverse Transkription

Währens der RT wird die isolierte RNA in cDNA umgeschrieben. Dazu werden neben mRNA, Desoxynukleotidtriphosphate (dNTPs), Puffer sowie reverse Transkriptase benötigt.

Protokoll:

Reagenzien und Lösungen siehe Anhang

Nach Vorlage von 5 µL RNAse freiem Wasser und 4 µL iscript reaction mix werden 10 µL der umzuschreibenden, auf 100 ng/µL verdünnten RNA zugegeben (Gesamtmenge an RNA: 1000 ng). Zum Start der Reaktion wird nun 1 µL reverse Transkriptase zugegeben. Die Transkription erfolgt unter kontrollierten Temperaturbedingungen im PCR-Gerät. Folgendes, in Tab 10 vorgestelltes Temperaturprogramm wurde durchgeführt:

Tab. 11: *Temperaturprogramm reverse Transkription*

Zeit [min]	Temperatur [°C]
5	25
30	42
5	85

Anschließend werden 60 µL RNAse freies Wasser zugegeben und mit dem Vortexer homogenisiert. Die dann vorliegende Konzentration an cDNA beträgt 1000 ng/80 µL.

3.3.5.2 Polymerasekettenreaktion

Mit Hilfe der PCR wird eine bestimmte Zielsequenz der cDNA, amplifiziert. Dazu werden neben cDNA, dNTPs, DNA-Polymerase (in diesem Fall Thermo-Start DNA Polymerase) und Puffer ein sens- und ein antisens Primer benötigt. Die zur Amplifikation gewählte Zielsequenz sollte nicht länger als 3 kbp sein, da die DNA-Polymerase ansonsten nicht mehr binden kann, was die Bildung des Produkts verhindert. Bei Primern handelt es sich um kurze DNA-Sequenzen mit einer Länge von ungefähr 20 Basen, die sowohl Komplementär zum 3' Ende des Sens- als auch des Antisensstrangs sein müssen. Möchte man die Translation eines bestimmten Gens untersuchen ist es aufgrund der Größe nicht möglich dieses komplett zu amplifizieren. Man umgeht die Bildung zu großer PCR-Produkte indem man nur einen bestimmten Teil des Gens amplifiziert. Dabei werden die Primer so gewählt, dass die zu amplifizierende Zielsequenz über ein Intron hinweggeht, was verhindert, dass Produkte gleicher Größe durch Verunreinigungen mit genomischer DNA entstehen. Um eine gute Bindung der Primer zu gewährleisten ist darauf zu achten, dass der GC Gehalt bei 40-60 % liegt.

Die Amplifikation einer Zielsequenz besteht aus drei Schritten: Denaturierung (Denaturation), Anlagerung (Annealing) und Verlängerung (Elongation), die in Abb. 27 dargestellt sind:

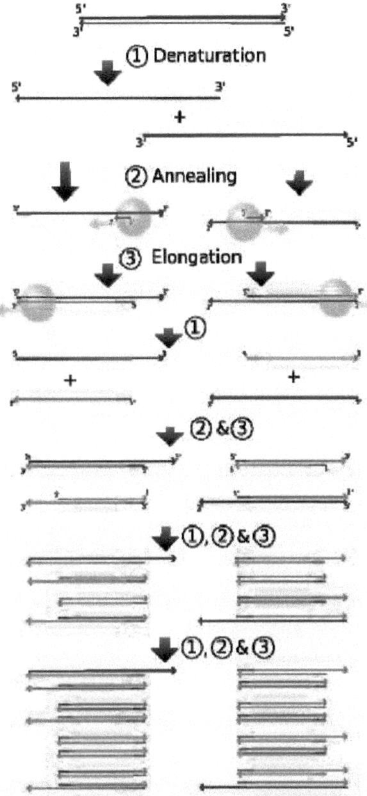

Abb. 27: *PCR [50, 55]*

Während der Denaturierung werden die beiden DNA Stränge voneinander getrennt. Bei der Anlagerung lagern sich die Primer an das zu ihnen komplementäre Stück der DNA an. Bei der Elongation wird der Primer durch DNA-Polymerase verlängert.

Am Ende der PCR wird eine Schmelzkurve aufgenommen. Sie dient dazu zu überprüfen, ob die Primer sich spezifisch an eine Stelle der DNA angelagert haben (nur ein Produkt mit spezifischer Schmelztemperatur entsteht) und zu überprüfen ob das richtige Produkt amplifiziert wurde (spezifische Schmelztemperatur) [50, 55].

3.3.5.2.1 Temperaturoptimierung

Je nach Länge und GC-Gehalt haben Primer unterschiedliche Schmelztemperaturen. Um eine optimale Effizienz bei der PCR zu erhalten sollte die Annealingtemperatur möglichst dicht unterhalb der Schmelztemperatur liegen, so dass eine unspezifische Bindung der Primer verhindert wird. Die Annealingtemperatur darf jedoch nicht zu dicht unterhalb der Schmelztemperatur liegen, dass eine Anlagerung der Primer durch beginnendes Schmelzen gestört wird. Um die optimale Annealingtemperatur zu finden wird eine PCR durchgeführt in der eine Probe bei verschiedenen Annealingtemperaturen amplifiziert wird. Für die eigentliche Messung wird die Temperatur als Annealingtemperatur gewählt, bei der es keine Nebenprodukte gibt und der C_T-Wert am niedrigsten ist.

Protokoll:

Reagenzien und Lösungen siehe Anhang

Zu 8 µL der verdünnten cDNA (entspricht einer Gesamtmenge an cDNA von 100 ng) werden 10 µL Syber green gegeben. Sowohl der Forwärts- als auch der Rückwärtsprimer werden 1:10 verdünnt, so dass sie eine Konzentration von 10 pmol/µL haben.

Vorwärtsprimer Aktin (human, Ratte): 5'AGCCATGTACGTAGC3'
Rückwärtsprimer Aktin (human, Ratte): 5'TCTCCGGAGTCCATCACAATG3'
Vorwärtsprimer TNF-α (human): 5'TCTTCTGCC'TGCTGCACTTTGG3'
Rückwärtsprimer TNF-α (human): 5'ATCTCTCAGACGCCATTG3'
Vorwärtsprimer TNF-α (Ratte): 5'CCACCACGCTCTTCTGTCTACTG3'
Rückwärtsprimer TNF-α (Ratte): 5'GGGCTACGGGCTTGTCACTC3'

Je 1 µL der verdünnten Primer werden zu der Probe gegeben, was einer Primerkonzentration von 0,4 pmol/µL entspricht. Die Amplifikation erfolgt unter kontrollierten Temperaturbedingungen quantitativ im iCycler.

Folgendes in Tab. 12 dargestellte Temperaturprogramm wurde durchgeführt:

Tab. 12: *Temperaturprogramm Temperaturoptimierung*

	Zeit [min]	Temperatur [°C]	Zyklenzahl
Enzymaktivierung	15	95	1
Denaturierung	0,25	95	40
Annealing	0,5	55-60	
Elongation	0,5	72	

3.3.5.2.2 Real-time quantitative PCR

Bei der Quantifizierung der RTQ-PCR macht man sich die Kinetik der PCR zu nutzen. In den frühen Runden der PCR findet eine weitgehend expotentielle Vermehrung der DNA-Fragmente statt. Bei der relativen Quantifizierung wird die Expression des Zielgens mit der eines nicht regulierten House keeping gens (HKG) normalisiert. Dabei werden nicht die absoluten Startkopienzahlen oder -konzentrationen bestimmt, sondern die Expression des zu untersuchenden Gens wird auf ein zweites, ubiquitär und homogen exprimiertes Gen (HKG) bezogen.

Die Berechnung des Expressionsunterschiedes (Ratio) erfolgt über die so genannte $\Delta\Delta C_T$ Methode. Dabei wird im ersten Schritt für jede untersuchte Probe der C_T-Wert des Referenzgens (in diesem Fall β-Aktin) vom C_T-Wert des zu untersuchenden Gens subtrahiert.

$$\Delta C_T = C_{T\text{Zielgen}} - \Delta C_{T\text{Referenzgen}}$$

Nach dieser Normierung wird vom ΔC_T-Wert der experimentell behandelten Proben der ΔC_T-Wert einer Kontrolle abgezogen; man erhält dem sogenannten $\Delta\Delta C_T$-Wert.

$$\Delta\Delta C_T = \Delta C_{T\text{Kontrolle}} - \Delta C_{T\text{Probe}}$$

Der relative Expressionsunterschied einer behandelten Probe und der Kontrolle (Ratio) R, normalisiert und bezogen auf eine Standardprobe ergibt sich unter der Annahme, dass die PCR expotentiell verläuft wie folgt:

$$R_u = 2^{-\Delta\Delta C_T}$$

R_u: unkorrigierte Ratio der PCR

Da die Effizienz einer PCR meist nicht bei 100 % liegt muss die eigentliche Effizienz E in die Berechnung mit eingebracht werden. Daraus ergibt sich:

$$R_k = E_{\text{Zielgen}}^{\Delta\Delta C_{T\text{Zielgen}}\,(\text{Kontrolle-Behandlung})}$$

R_k: korrigierte Ratio der PCR
E_{Zielgen}: Effizienz der DNA Verdoppelung des Zielgens

Protokoll:
Siehe Kapitel 3.3.5.2.1
Eingesetzte cDNA Menge: 50 ng

Tab. 13: *Temperaturprogramm RTQ-PCR*

	Zeit [min]	Temperatur [°C]	Zyklenzahl
Enzymaktivierung	15	95	1
Denaturierung	0,25	95	40
Annealing	0,5	56	
Elongation	0,5	72	

3.3.5.2.3 Effizienzbestimmung

Rein rechnerisch müsste sich die Menge der amplifizierten DNA-Sequenz mit jedem Zyklus verdoppeln. In Wahrheit liegt der durchschnittliche Multiplikationsfaktor jedoch nur bei 1,6-1,7. Zu Beginn der PCR ist die Vermehrungsrate geringer, da die Wahrscheinlichkeit, dass sich Template, Primer und DNA-Polymerase zur gleichen Zeit am gleichen Ort treffen gering ist. Mit zunehmender Templatemenge steigt sie an, verringert sich aber gegen Ende der PCR wieder weil die Vermehrung zunehmend durch Pyrophosphat, zerbröselnden Nukleotiden, rehybridisierendem Produkt und abnehmender Enzymaktivität gehemmt wird. Um die Translationsrate des zu untersuchenden Gens bestimmen zu können muss die Effizienz *(E)* der PCR bei Verwendung des entsprechenden Primerpaares und der zuvor bestimmten Annealingtemperatur bestimmt werden. Dies geschieht, indem eine PCR mit unterschiedlichen Ausgangsmengen an DNA durchgeführt und nach der PCR die C_T-Werte gegen den Logarithmus der eingesetzten DNA-Menge aufgetragen wird. Die Effizienz ergibt sich indem man die Steigung der Regressionsgeraden in folgende Gleichung einsetzt:

$$E = 10^{\frac{-1}{\text{Steigung}}}$$

E: Effizienz

Protokoll:

Siehe Kapitel 3.3.5.2.1

Eingesetzte CDNA Menge: 100; 10; 1, 0,1; 0,01 ng

Tab. 14: *Temperaturprogramm Effizienzbestimmung*

	Zeit [min]	Temperatur [°C]	Zyklenzahl
Enzymaktivierung	15	95	1
Denaturierung	0,25	95	
Annealing	0,5	56	40
Elongation	0,5	72	

3.3.6 Gewebeaufbereitung

Das Gewebe wird mit Pufferlösung bzw. Pufferlösung und Proteaseinhibitorcoctail versetzt und homogenisiert.

Protokoll:

Reagenzien und Lösungen siehe Anhang

Variante 1:

Die gefrorene Probe (3.3.1 Variante 1 und 2) wird nach Zugabe von 3 mL Phosphatpuffer auf Eis mit dem Potter (67.000 U/min) homogenisiert. Sind keine Gewebestückchen mehr zu erkennen wird die Probe eine halbe Minute mit dem Torrax (23.000 U/min) homogenisiert.

Bei der Aufbereitung mit Proteaseinhibitor werden zusätzlich zum Phosphatpuffer 50 µL Proteaseinhibitor zugegeben.

500 µL des Homogenats werden entnommen und wie folgt für die Myeloperoxidasebestimmung vorbereitet. Zuerst werden 250 µL Lysepuffer zugegeben. Dann wird die Lösung gemischt und 10 min auf Eis inkubiert. Anschließend werden 250 µL Homogenisierungspuffer zugegeben. Die Lösung wird erneut gemischt und bei –80 °C eingefroren. Da festgestellt wurde, dass die Aktivität der Myeloperoxidase durch einfrieren verloren geht, wurden später aufbereitete Proben sofort nach der Aufbereitung für die Bestimmung der Myeloperoxidaseaktivität verwendet.

Der restliche Überstand wird bei 10.000 g und 4 °C 20 min zentrifugiert. Von dem Überstand werden je 500 µL in drei Eppendorfgefäße gefüllt. Die Proben werden in flüssigem Stickstoff schockgefroren und bei –80 °C gelagert. Die Proben sollen zur Bestimmung der Immunparameter benutzt werden.

Diese Methode wurde bei der Untersuchung des zeitlichen Verlaufs de Entzündung und bei dem akuten DSS-Modell eingesetzt.

Variante 2:

Die mit RIPA-Puffer eingefrorene Probe (siehe Kapitel 3.3.1 Variante 3) wird nach Zugabe der entsprechenden Menge an Ripapuffer drei mal 30 s mit dem Potter (1000 U/min) auf Eis homogenisiert. Das Homogenat wird 30 min auf Eis auf dem Schüttler inkubiert und anschließend bei -80 °C eingefroren.

Tab. 15: *Ripapuffermengen*

Gewebe	Puffermenge [µL]
Darm	400
Milz	800
Gehirn	500

Die so aufbereiteten Proben werden für die SDS-PAGE verwendet.

3.3.7 Proteingehalt

Der Proteingehalt der Proben für die Myeloperoxidasebestimmung, die Bestimmung der Thiobarbitursäurereaktiven Substanzen und für die Bestimmung der Immunparameter wird mit der Methode nach Lowry bestimmt. Die Bestimmung dient dazu die Aktivität der MPO beziehungsweise den Gehalt an Immunproteinen auf die Gesamtproteinmenge zu beziehen, wodurch ein Vergleich der Myeloperoxidaseaktivitäten und Immunparameter der einzelnen Proben möglich wird.

Das Prinzip dieser Methode beruht auf der Komplexierung von Kupferionen mit Peptidbindungen in alkalischer Lösung. Diese als Biuret-Reaktion bezeichnete Komplexierung ist in Abb. 28 dargestellt:

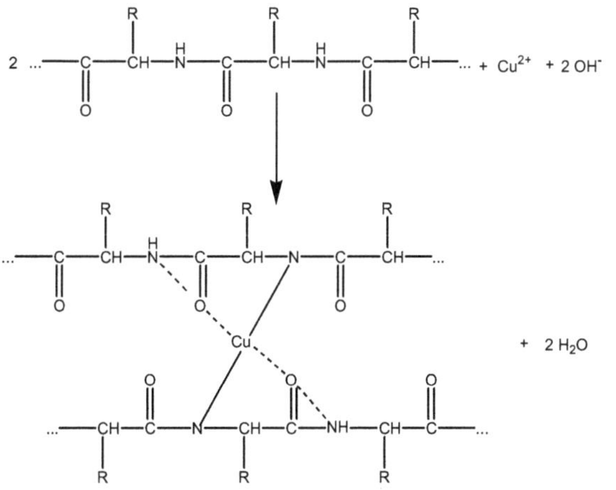

Abb. 28: *Biuret-Reaktion [61]*

Anschließend reduzieren die komplexierten Aminosäuren Tyrosin und Tryptophan das zugegebene Folin-Ciocalteu-Reagenz (Gemisch aus Phosphorwolfram- und Phosphormolybdändäure) zu Molybdän- (H_XWO_3, X = 0,1-0,5) beziehungsweise Wolframblau (H_XMo_3, X = 0,1-0,5), dessen sich zur Proteinkonzentration proportional verhaltende Intensität der Blaufärbung photometrisch bestimmt wird [26, 61].

Protokoll:

Reagenzien und Lösungen siehe Anhang

Zu 95 µL Wasser werden 100 µL 1 N NaOH und 5 µL Probe beziehungweise Standard gegeben. Ein Blindwert (Wasser) wird mitgeführt. Nach Zugabe von 1 mL Lowry A werden die Proben 10 min bei Raumtemperatur inkubiert. Nach der Zugabe von 100 µL frisch hergestelltem Lowry B wird 30 min bei Raumtemperatur inkubiert. Anschließend erfolgt die Messung der optischen Dichte bei 720 nm gegen den Blindwert. Folgende

Standardkonzentrationen an Bovine Serum Albumin wurden verwendet: 0; 0,625; 1,25; 2,5; 5; 10; 20 g/L.

3.3.8 Myeloperoxidaseaktivität

Zur Beurteilung der Schwere einer Entzündung kann das Ausmaß der Neutrophileninfiltration in das betroffene Gewebe herangezogen werden. Zur Bestimmung der Infiltration wird die Aktivität des neutrophileneigenen Enzyms Myeloperoxidase (MPO) gemessen.

3.3.8.1 Myeloperoxidaseaktivität nach Grisham

Die Bestimmung der Myeloperoxidaseaktivität beruht auf der wasserstoffperoxidabhängigen Oxidation von 3,3',5,5'-Tetramethylbenzidin (TMB) zu einem blau-grünen Farbkomplex, die durch MPO katalysiert wird. Durch Zugabe eines Gemisches aus TMB und H_2O_2 zur Probe wird die Reaktion gestartet. Nach exakt fünf Minuten wird sie durch die Zugabe von Stoppreagenz, das zu einer pH-Wertänderung (ins saure) führt beendet [17, 21].

Die Oxidation des TMB ist in Abb. 29 dargestellt:

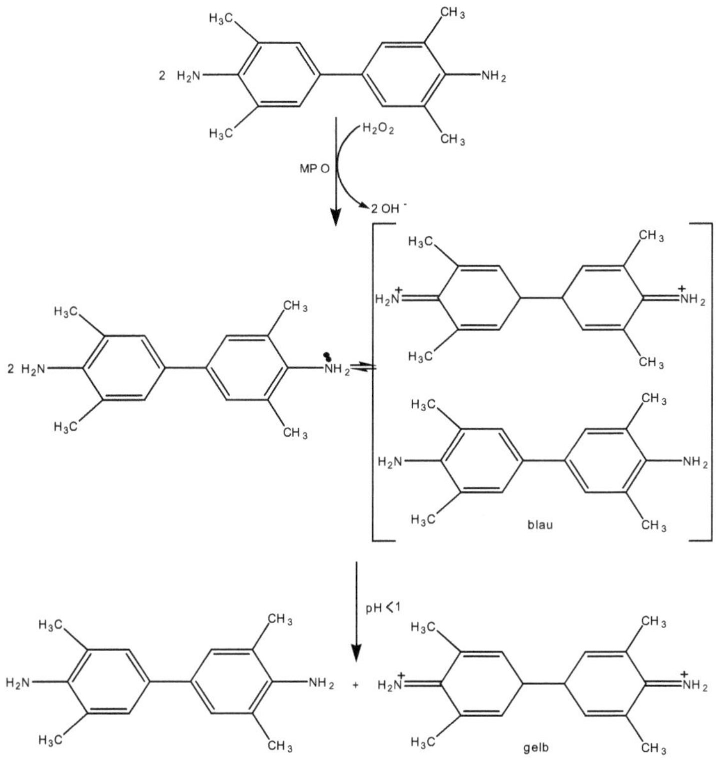

***Abb. 29:** Oxidation des TMB [17]*

Da es sich bei der beschriebenen Reaktion um die Häm-proteinkatalysierte Oxidation von TMB handelt ist sie nicht spezifisch für die Infiltration mit neutrophile Granulozyten. Bei der Bestimmung wird die gesamte Häm-Proteinaktivität bestimmt. Dazu zählen neben der Aktivität des neutrophileneigenen MPO auch die Aktivitäten des MPO der basophilen Granulozyten und eosinophilen Granulozyten und der Häm-Proteinaktivität der Katalase, des Hämoglobins, und des Myoglobins. Da die Neutrophilen jedoch stark überwiegen eignet sich die Methode zur Bestimmung der Neutrophileninfiltration [21].

Protokoll:

Reagenzien und Lösungen siehe Anhang

Die aufbereiteten Proben werden auf Eis aufgetaut und 20 min bei 10.000 g zentrifugiert. Anschließend werden 800 µL H_2O_2-Stammlösung zum Reaktionsgemisch gegeben (fertiges Reaktionsgemisch). 500 µL des fertigen Reaktionsgemisches werden mit 50 µL des Probenüberstandes bzw. dest. Wasser (Blindwert) oder Standard gemischt. Nach exakt 5 min werden 500 µL Stoppreagenz zugefügt und die Lösung 1 min bei 10.000 g zentrifugiert. Anschließend wird die Extinktion bei 655 nm gegen den Blindwert gemessen. Folgende Standardenzymaktivitäten an MPO wurden verwendet: 0; 0,125; 0,25; 0,5; 1; 2 U/mL.

Diese Methode der Bestimmung der Myeloperoxidaseaktivität wurde bei der Untersuchung des zeitlichen Verlaufs der DSS-Entzündung und dem Akuten DSS-Modell verwendet.

3.3.8.2 Myeloperoxidaseaktivität nach Kravisz

Die Bestimmung der Myeloperoxydaseaktivität nach Kravisz beruht auf der wasserstoffperoxydabhängigen, durch MPO katalysierten Oxidation von o-Dianisidin, die in Abb. 30 dargestellt ist [38, 45]:

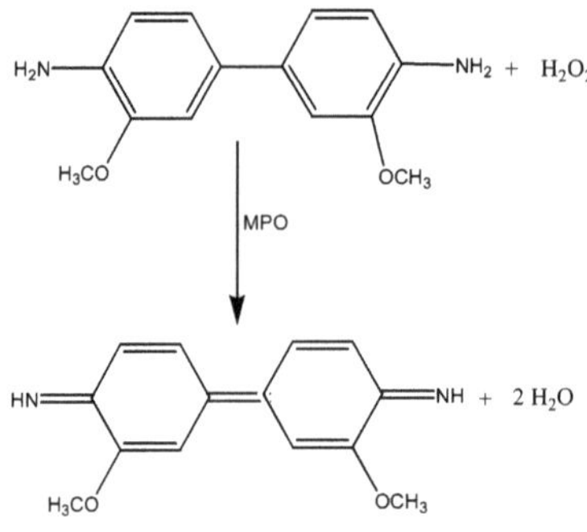

Abb. 30: *Oxidation von o-Dianisidin [45]*

Protokoll:

Reagenzien und Lösungen siehe Anhang

Ein Stück Darm wird mit 1 mL HETAB-Puffer versetzt und drei mal 30 s auf Eis mit dem Potter homogenisiert. Anschließend werden die Proben drei mal 10 s auf Eis mit dem

Ultraschallstab homogenisiert. Die Proben werden nun zwei Gefrier-Schmelz-Zyklen (Stickstoff; Wasser 35 °C) unterzogen. Die Proben werden 15 min bei 20.000 g und 4 °C abzentrifugiert. Die Überstände werden abgenommen und für die eigentliche Messung verwendet. Zu 15 µL der Überstände werden 435 µL Reaktionsreagenz gegeben. Das Reaktionsgemisch wird 30 min bei Raumtemperatur im Dunkeln inkubiert. Anschließend erfolgt die Extinktionsmessung bei 460 nm gegen einen Blindwert (Puffer). Folgende Standardenzymaktivitäten an MPO wurden verwendet: 0; 0,125; 0,25; 0,5; 1; 2 U/mL.
Diese Art der MPO Bestimmung wurde beim chronischen DSS-Modell und beim TNBS-Modell verwendet.

3.3.9 Enzyme linked immunosorbent assay

Die quantitative Bestimmung von TGF-β1 und TNF-α erfolgt mittels des enzymgekoppelten Immunnachweises (enzyme linked immunosorbent assay, ELISA). Ein Antikörper gegen das zu untersuchende Protein ist auf einer inerten Fläche immobilisiert. Die zu untersuchende Lösung wird auf die beschichtete Oberfläche gegeben. Das zu untersuchende Protein bindet an den Antikörper. Überschüssige Antikörper und andere Proteine werden durch waschen entfernt. Zu dem Protein-Antikörper-Komplex wird ein zweiter proteinspezifischer Antikörper gegeben, an den ein Enzym (in diesem Fall Meerrettichperoxidase (HRP)) gebunden ist. Durch Zugabe von Substrat wird die eine Enzymreaktion gestartet, die zu einem Farbigen Reaktionsprodukt führt. Die Reaktion wird mittels Stoppreagenz (verschiebt den pH-Wert ins saure) abgestoppt [23, 73].

In Abb. 31 sind die einzelnen Schritte eines ELISAs dargestellt:

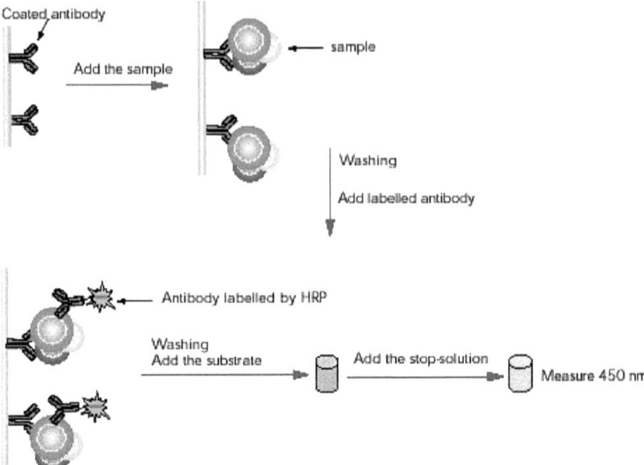

Abb. 31: *Ablauf eines ELISA [73]*

Die Menge des zweiten Antikörpers (der mit dem Enzym gekoppelt ist) und damit die Menge des zu bestimmenden Immunproteins kann gemessen werden, indem die Menge des durch das Enzym katalysierten Substrats bestimmt wird. Die Menge des umgesetzten Substrats ist dabei Proportional zur Menge des zu untersuchenden Proteins [80].

Zur Bestimmung der Enzymmenge wird die in Abb. 32 dargestellte Oxidation von TMB herangezogen:

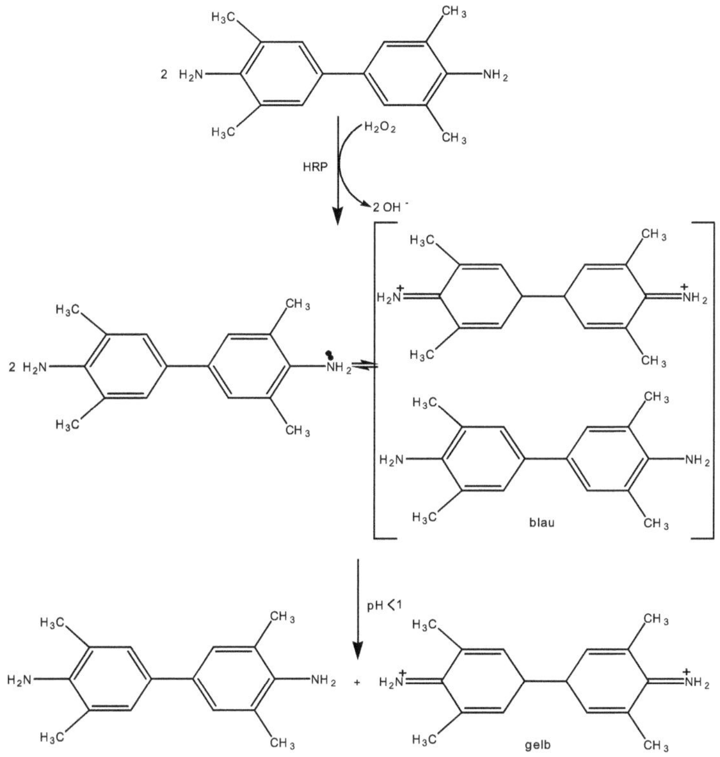

Abb. 32: Enzymreaktion zur Detektion des ELISA [17]

3.3.9.1 TNF-α Human

Protokoll:

50 µL Assay Diluent und 200 µL Probe werden in die wells gegeben. Die Platte wird mit einem Klebestreifen abgedeckt und 2 h in einem geschlossenen Gefäß mit einem feuchten Tuch bei RT unter schütteln (15 rpm) inkubiert. Die überstehende Lösung wird abgesaugt. Anschließend werden die wells drei Mal mit Waschpuffer gewaschen, wobei darauf zu achten ist, dass die wells immer randvoll gefüllt werden und das Absaugen vollständig erfolgt. In die wells werden nun 200 µL TNF-α Konjugat gegeben. Dann wird erneut wie oben beschrieben

1 h inkubiert und gewaschen. Im Dunkeln werden 200 µL Substrat zugegeben und 20 min bei Raumtemperatur im Dunkeln inkubiert. Nach Zugabe von 50 µL Stoppreagenz wird die Absorption bei 450 nm und einer Wellenlängenkorrektur von 570 nm gemessen, Folgende Standardkonzentrationen an TNF-α wurden verwendet: 0; 31,25; 65,5; 125; 250; 500; 1.000 pg/mL [58].

3.3.9.2 Transforming growth factor β1 Human

Protokoll:

Zu 100 µL der aufbereiteten auf Eis aufgetauten Probe werden 20 µL 1 N HCL gegeben und gemischt. Nach 10 min Inkubation bei Raumtemperatur wird die aktivierte Probe mit 13 µL 1,2 N NaOH neutralisiert. 50 µL Assay Diluent, 25 µL Calibrator Diluent und 25 µL der aktivierten Probe werden in die wells gegeben. Die Platte wird mit einem Klebestreifen abgedeckt und 2 h in einem geschlossenen Gefäß mit einem feuchten Tuch bei RT unter schütteln (15 rpm) inkubiert. Die überstehende Lösung wird abgesaugt. Anschließend werden die wells drei Mal mit Waschpuffer gewaschen, wobei darauf zu achten ist, dass die wells immer randvoll gefüllt werden und das Absaugen vollständig erfolgt. In die wells werden nun 100 µL TGF-β1 Konjugat gegeben. Dann wird erneut wie oben beschrieben inkubiert und gewaschen. Im Dunkeln werden 100 µL Substrat zugegeben und 30 min bei Raumtemperatur im Dunkeln inkubiert. Nach Zugabe von 100 µL Stoppreagenz wird die Absorption bei 450 nm und einer Wellenlängenkorrektur von 570 nm gemessen, Folgende Standardkonzentrationen an TGF-β1 wurden verwendet: 0; 31,25; 65,5; 125; 250; 500; 1.000; 2.000 pg/mL [60].

3.3.9.3 Transforming growth factor β1 Ratte

Protokoll:

Zu 100 µL der aufbereiteten auf Eis aufgetauten Probe werden 20 µL 1 N HCL gegeben und gemischt. Nach 10 min Inkubation bei Raumtemperatur wird die aktivierte Probe mit 13 µL 1,2 N NaOH neutralisiert. 50 µL Assay Diluent, 25 µL Calibrator Diluent und 25 µL der aktivierten Probe werden in die wells gegeben. Die Platte wird mit einem Klebestreifen abgedeckt und 2 h in einem geschlossenen Gefäß mit einem feuchten Tuch bei RT unter schütteln (15 rpm) inkubiert. Die überstehende Lösung wird abgesaugt. Anschließend werden die wells drei Mal mit Waschpuffer gewaschen, wobei darauf zu achten ist, dass die wells immer randvoll gefüllt werden und das Absaugen vollständig erfolgt. In die wells werden nun 100 µL TGF-β1 Konjugat gegeben. Dann wird erneut wie oben beschrieben inkubiert und gewaschen. Im Dunkeln werden 100 µL Substrat zugegeben und 30 min bei Raumtemperatur im Dunkeln inkubiert. Nach Zugabe von 100 µL Stoppreagenz wird die Absorption bei 450 nm und einer Wellenlängenkorrektur von 570 nm gemessen, Folgende Standardkonzentrationen an TGF-β1 wurden verwendet: 0; 31,25; 65,5; 125; 250; 500; 1.000; 2.000 pg/mL [59].

3.3.10 Sodiumdodecylsulfate Polyacrylamid Gelelektrohorese und Western Blot

3.3.10.1 Sodiumdodecylsulfate Polyacrylamid Gelelektrohorese

Die Elektrophorese beruht auf der Wanderung von geladenen Teilchen im elektrischen Feld. Dabei bewegen sich positiv geladene Teilchen zur Kathode und negativ geladene Teilchen zur Anode. Als Trägermaterial wird ein Polyacrylamidgel verwendet. Das Polyacrylamidgel wird durch die Polymerisation von Acrylamid gewonnen. Bei der Polymerisation handelt es sich um eine Radikalkettenreaktion die durch Ammoniumperoxodisulfat, das in Wasser freie Radikale bildet, gestartet wird. Als Katalysator der Reaktion dient Tetramethylethylendiamin, das die entstehenden Radikale stabilisiert. Die mechanische Stabilität des Gels erhält man durch N,N-Methylenbisacrylamid. Es führt zur Quervernetzung der Polyacryamidketten. Die Porengröße des Gels und der Vernetzungsgrad lassen sich durch die Totalacrylamidkonzentration einstellen. Die Gelmatrix ist in zwei Bereiche geteilt: Das Trenngel und das Sammelgel. Während der Trennung durchlaufen die Proteine erst das großporigere Sammelgel (niedriger pH-Wert), bevor sie im engporigeren Trenngel (hoher pH-Wert) getrennt werden. An der Grenzschicht zwischen Sammel- und Trenngel erfahren die Proteine eine Aufkonzentrierung. Durch die Zugabe von Natriumdodecylsulfat (SDS) werden die Proteine denaturiert. Die Nettoladungen der Proteine werden durch die negative Nettoladung von SDS überdeckt. Dadurch werden die Eigenladungen der Proteine so effektiv überdeckt, dass anionische Mizellen mit konstanter Nettoladung pro Masseeinheit entstehen.

Disulfidbrücken, die sich zwischen Cysteinresten bilden können, werden durch 2-Mercaptoalkohol reduktiv gespalten.
Die beschriebenen Auswirkungen von SDS auf die Struktur der Proteine ermöglicht eine Trennung der Moleküle die nur auf ihrem Masse-Ladungsverhältnisse beruht [61, 84].

Protokoll:
Reagenzien und Lösungen siehe Anhang
Die Glasplatten der Elektrophoreseapparatur werden mit Isopropanol entfettet und der Gießstand zusammengesetzt. Die Substanzen für das Trenngel werden zu zusammenpipettiert, das Gel gegossen und mir n-Butanol überschichtet. Nach 30 min wird das n-Butanol abgesaugt, die Substanzen für das Sammelgel werden zusammenpipettiert, das Sammelgel gegossen und der Kamm eingesetzt. Nach 30 min werden die Gele in die Elektrophoresekammer eingesetzt und diese mit Elektrophoresepuffer gefüllt.
Die Proben werden mit Ripapuffer verdünnt so, dass sie die selbe Proteinkonzentration haben. Anschließend werden 15 µL der verdünnten Proteinlösung mit 3 µL 6-fach-Ladepuffer versetzt und 30 min bei RT inkubiert. Danach werden die Proben in die Geltaschen gefüllt. Pro Gel wird ein Molekulargewichtsmarker mitgeführt. Die Elektrophoresekammer wird mit Elektrophoresepuffer gefüllt und die Elektrophorese bei 60 V gestartet. Nach 25 min wird die Spannung auf 70 V erhöht.

3.3.10.2 Western Blot

Beim Westernblot wird eine Antigen-Antikörperreaktion zur Identifizierung der Proteine ausgenutzt. Um unspezifische Bindungen zu verhindern, werden die unspezifischen Bindungsstellen vor der Inkubation mit dem Erstantikörper mit einem Blocking-Reagenz abgedeckt. Damit die Proteine für den Antikörper zugänglich sind, werden sie vor der Reaktion mittels Semidry-Blotting auf eine Nitrocellulosemembran übertragen. Die sich nun auf der Membran befindlichen Proteine werden mit einem gegen das zu untersuchende Protein gerichteten, spezifischen Erstantikörper inkubiert. Die Detektion des Erstantikörpers erfolgt mit Hilfe eines zu dem Erstantikörper spezifischen Zweitantikörpers, an den ein Enzym (Meerrettichperoxidase) gebunden ist. Die Peroxidase katalysiert die Entstehung von angeregtem 3-Aminophthalat durch Wasserstoffperoxid aus Luminol. Geht 3-Aminophthalat wieder in den Grundzustand über, wird die überschüssige Energie in Form von Photonen frei

(Chemolumineszens). Die Detektion der Chemolumineszenz wird mit Hilfe eines Lumi Imagers durchgeführt [61, 84]. Die dabei ablaufende Reaktion ist in Abb. 33 dargestellt:

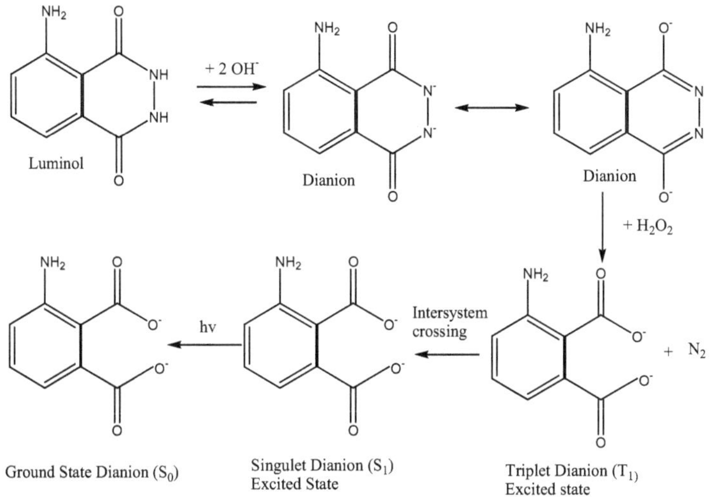

***Abb. 33:** Chemolumineszenzreaktion [61]*

Protokoll:

Reagenzien und Lösungen siehe Anhang

Die Gele werden der Elektrophoresekammer entnommen und 10 min in Kathodenpuffer gelagert. Anschließend wird der Blot zusammengesetzt. Ein mit Anodenpuffer 1 getränktes Saugpapier wird auf die Anode gelegt. Darauf werden zwei mit Anodenpuffer 2 getränkte Saugpapiere gelegt. Anschließend folgen Membran und Gel. Auf das Gel folgen drei mit Kathodenpuffer getränkte Saugpapiere. Die Saugpapiere haben eine Größe von 9,5 x7,0 cm, die Membran von 9,0 x 6,5 cm. Die Blotapparatur wird mit der Kathode verschlossen. Anschließend wird 1,5 h bei 90 mA pro Membran geblottet. Die Blottapparatur wird auseinander gebaut. Die Membranen werden über Nacht bei 4 °C in Blockingreagenz gelagert. Die Gele werden 5 min mit Amidoschwarzfärbelösung gefärbt und anschließend mit dest. H_2O entfärbt. Sind keine oder nur sehr schwache Banden sichtbar war der Blot erfolgreich. Die Membranen werden zwei mal 5 min mit TBS-T gewaschen. Dann werden sie 3 h bei RT mit Erstantikörper inkubiert. Nun wird drei mal 5 min mit TBS-T gewaschen. Anschließend wird 2 h bei RT mit dem Zweitantikörper inkubiert. Die Membranen werden drei mal 5 min in TBS-T gewaschen. Zu 10 mL Reaktionsreagenz A wird 1 mL

Reaktionsreagenz B und 100 µL H_2O_2-Stammlösung gegeben. In diesem Reaktionsgemisch werden die Membranen 1 min inkubiert, bevor am Lumi Imager die Chemolumineszenz gemessen wird.
Erstantikörper TNF-α: Rabbit-anti-TNF-α (Santa Cruz Biotechnology)
Erstantikörper Ip-10: Rabbit-anti-Ip-10 (Santa Cruz Biotechnology)
Zweitantikörper TNF-α und Ip-10: goat-anti rabbit-IgG-HRP (Santa Cruz Biotechnology)

3.3.11 Kurzkettige Fettsäuren

Die SCFA werden in die wässrige Phase überführt und mit dem ersten internen Standard versetzt. Die wässrige Phase wird von der festen getrennt und die Masse der Festsubstanz bestimmt. Die Wässrige Phase wird verseift (Zugabe von Lauge) und getrocknet. Anschließend wird der Rückstand in einem definierten Volumen aufgenommen und die Seifen wieder freigesetzt (Zugabe von Säure). Zudem wird ein zweiter Interner Standard zugesetzt um die Wiederfindungsrate zu bestimmen. Anschließend erfolgt die gaschromatographische Messung. Um die Retentionszeiten der einzelnen Substanzen herauszufinden, zu Überprüfen, in welchem Konzentrationsbereich die Messung linear ist und die Trennung der einzelnen Substanzen zu überprüfen werden Eichreihen der einzelnen Substanzen gemessen.
Die Menge einer Substanz ist proportional zur Peakfläche, die sie bei der Messung erzeugt. Zur Quantitativen Bestimmung wird der erste interne Standard herangezogen.

Protokoll:
Reagenzien und Lösungen siehe Anhang
1,5 mL Faeces werden mit 2 mL dest. H_2O und 5 µL Isobutyrat in einem gewogenen Falkon aufschlämmt.

Anschließend werden die Proben folgender Zentrifugationsreihe unterzogen:

Tab. 16: *Zentrifugationsreihe*

Zeit [min]	Beschleunigung [g]
10	100
10	500
10	1.000
10	5.000
10	10.000
30	15.000

Der Überstand wird komplett abgenommen und das Falkon erneut gewogen um das Gewicht des Pellets zu bestimmen. Zu dem Überstand werden 28 µL Perchlorsäure (0,36 M) und 27 µL KOH (1 M) gegeben. Die Proben werden gefriergetrocknet und der Rückstand anschließend mit 95 µL HCL (0,5 M) und 100 µL H_2O aufgenommen. Die Proben werden 5 min ins Ultraschallbad gestellt. Anschließend werden 5 µL 2-Methyl-1-Pentanol zugegeben. Nach einer halbstündigen Zentrifugation bei 4 °C und 20.000 g wird der Überstand abgenommen und bis zur Gaschromatographischen Messung bei –20 °C aufbewahrt.
Als Eichreihen wurden folgende Konzentrationen an Acetat, Propionat, Butyrat, Isobutyrat und 2-Methyl-1-Pentanol verwendet: 64, 32, 16, 8, 4,2,1, 0,5, 0,25 mg/mL.
Zur Gaschromatographischen Messung wird 1 µL der Lösung in den Gaschromatographen eingespritzt. Die Gerätebedingungen sind wie folgt:

- Initial Temp.: 60 °C
- Initial Time: 1 min
- Rate 1: 5 °C/min
- Final Temp. 1: 80 °C für 1 min
- Rate 2: 2 °C/min
- Final Temp. 2: 100 °C für 1 min
- Rate 3: 30 °C/min
- Final Temp. 3: 200 °C für 5 min
- Injektor Temp.: 240 °C
- FID Temp. 240 °C
- Injektion: Split
- Säule
    - OV225 Permabond

  - Innendurchmesser: 0,25 mm
  - Filmdicke stationäre Phase: 0,25 µM
  - Säulenlänge 25 m
- Stationäre Phase:
  - 50 % Methylpolysiloxan
  - 25 % Cyanopropanoylsiloxan
  - 25 % Phenylpolysiloxan
- Trägergas:
  - Helium, 6 bar
  - Flow: 1 mL/min

3.3.12 Histologische Untersuchungen

Die in Formalin gelagerten Gewebeproben siehe Kapitel (3.1.3) werden zuerst entwässert und anschließend in Paraffin gegossen um den Proben die nötige Stabilität zum schneiden zu geben. Anschließend werden die Proben geschnitten und auf einen Objektträger aufgezogen. Der Objektträger wird entparaffiniert und rehydriert. Die so vorbereiteten Proben werden einer Hämatoxylin-Eosin-Färbung (HE-Färbung) unterzogen und anschließend mikroskopisch untersucht. Bei der HE-Färbung werden in einem Ersten Schritt mit Hämatoxylin Zellorganellen wie Zellkerne und Mitrochondrien angefärbt, während in einem zweiten Schritt das Zytoplasma mit Eosin gefärbt wird [40].

Protokoll:

Reagenzien und Lösungen siehe Anhang

Die in 4 % Formalinlösung gelagerten Proben werden einzeln in Histologiekäfige gelegt und 20 min mit Leitungswasser gespült. Anschließend werden die Proben über Nacht in 70 % Isopropanol gestellt.

Die Proben werden anschließend für je 45 min in folgende Lösungen gestellt:

Tab. 17: *Entwässerungsreihe*

Station	Lösung	Konzentration [%]
1	Isopropanol	96
2	Isopropanol	96
3	Isopropanol	100
4	Isopropanol	100
5	Ethanol	100
6	Ethanol	100
7	Xylol	100
8	Xylol	100
9	Paraffin (63 °C)	100

Über Nacht werden die Proben in ein weiteres Gefäß mit Paraffin (63 °C) gestellt.

Paraffin wird auf 63 °C erwärmt. Mit dem geschmolzenen Wachs werden die Histologieförmchen auf der 65 °C warmen Heizplatte bis zur Markierung gefüllt. Die Probe wird aus dem Paraffin, in dem sie über Nacht gelagert hat entnommen und in das Histologieförmchen gelegt, wobei auf die richtige Orientierung der Probe zu achten ist damit der Schnitt später in der richtigen Richtung erfolgt. Die Probe wird mit einer Pinzette auf den Boden des Förmchens gedrückt, das nun auf eine – 5 °C kalte Kühlplatte gestellt wird. Ist die Probe auf dem Boden fixiert wird die Einbettkassette aufgesetzt und das Förmchen mit Paraffin (63 °C) aufgefüllt. Der abgekühlte, erstarrte Paraffinblock wird aus dem Förmchen genommen und von überschüssigem Wachs befreit. Mit dem Rotationsmikrotom wird die Probe in 1 µm dicke Scheiben geschnitten. Die Schnitte werden für 1 min in ein Wasserbad von 43 °C überführt (Streckbad). Die gestreckte Probe wird auf einen mit Eiweiß-Glycerin-Lösung beschichteten Objektträger aufgezogen und 20 min auf der Trockenbank (50-60 °C) getrocknet. Um überschüssiges Paraffin zu entfernen wird der Objektträger für 2,5 h in den Trockenschrank (63 °C) gestellt.

Die Probe wird nun folgender Rehydrierungsreihe unterzogen:

Tab. 18: *Rehydrierungsreihe*

Station	Zeit [min]	Lösung	Konzentration [%]
1	5-6	Xylolersatz (Roticlear)	100
2	5-6	Xylolersatz (Roticlear)	100
3	5-6	Xylolersatz (Roticlear)	100
4	1-2	Isopropanol	100
5	1-2	Isopropanol	100
6	1-2	Isopropanol	96
7	1-2	Isopropanol	70
8	1-∞	H_2O dest.	100

Die so vorbereiteten Proben werden der folgenden Färbereihe unterzogen:

Tab. 19: *Färbereihe*

Station	Zeit	Lösung
1	6-10 min	Hämatoxylin
2	kurz	H_2O dest. 0,1 %Acetat
3	5-10 min	Leitungswasser
4	kurz	H_2O dest.
5	5-15 min	Eosin 0,1 % Acetat
6	kurz	H_2O dest.

Die gefärbten Proben werden dehydriert. Dazu werden sie folgender Dehydrierungsreihe unterzogen:

Tab. 20: *Dehydrierungsreihe*

Station	Zeit [min]	Lösung	Konzentration [%]
1	1	Isopropanol	70
2	1	Isopropanol	96
3	1	Isopropanol	100
4	2	Ethanol	100
5	5-6	Xylolersatz (Roticlear)	100
6	5-6	Xylolersatz (Roticlear)	100
7	5-∞	Xylolersatz (Roticlear)	100

Die Präparate werden dem Xylol entnommen und direkt mit Eindecklösung (Histokitt), sowie Deckglas versehen.
Die Befundung der Schnitte erfolgte mit Hilfe eines Mikroskops.

4. Ergebnisse

4.1 *In-Vivo* Versuche

4.1.1 Zeitlicher Verlauf der DSS-Kolitis

4.1.1.1 Körpergewichtszunahme

Abb. 34 zeigt die Körpergewichtszunahme über den Behandlungszeitraum:

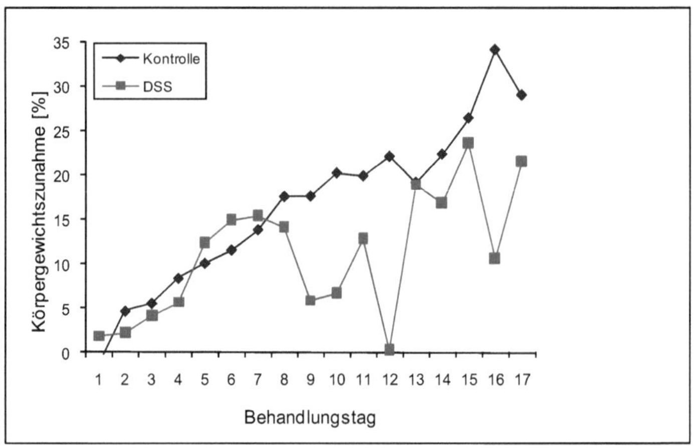

Abb. 34: *Körpergewichtszunahme Zeitlicher Verlauf DSS-Kolitis*

Die Körpergewichtszunahme der Kontrolltiere steigt linear mit der Zeit. Zwischen Behandlungstag acht und zwölf bricht die bis dahin linear ansteigende Zunahme des Körpergewichts der mit DSS behandelten Tieren ein. Anschließend nimmt das Körpergewicht der mit DSS behandelten Tiere wieder zu. Der Anstieg der Körpergewichtszunahme erfolgt jedoch langsamer als bei den Kontrolltieren, so dass die DSS-Tiere sieben Tage nach Beendigung der DSS-Behandlung (Behandlungstag 17) eine geringere Zunahme des Körpergewichts zeigen.

4.1.1.2 Quotient aus Kolongewicht und Kolonlänge

Darstellung 35 zeigt den Quotienten aus Kolongewicht und Kolonlänge über den Zeitraum der Behandlung:

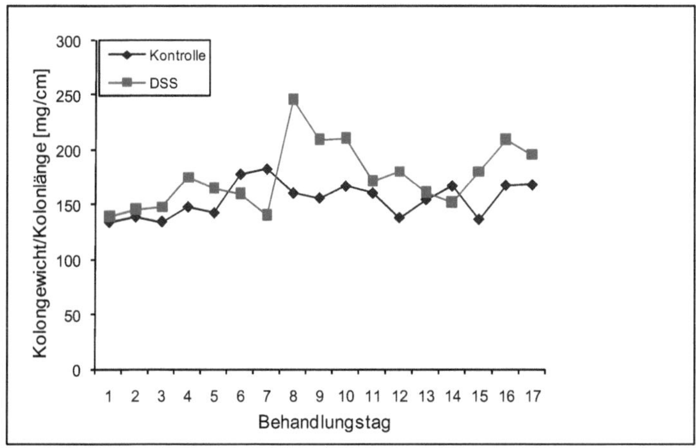

Abb. 35: *Quotient aus Kolongewicht und Kolonlänge Zeitlicher Verlauf DSS-Kolitis*

An Tag acht der DSS-Behandlung steigt der Quotient aus Kolongewicht und Kolonlänge an. Er ist auch sieben Tage nach Beendigung der DSS-Behandlung (Behandlungstag 17) gegenüber den Kontrolltieren erhöht.

4.1.1.3 Myeloperoxidaseaktivität

Abb. 36 zeigt die Aktivität des neutrophileneigenen Enzyms Myeloperoxidase im Kolongewebe, die mittel enzymatischer Umsetzung von Tetramethylbenzidin bestimmt wurde:

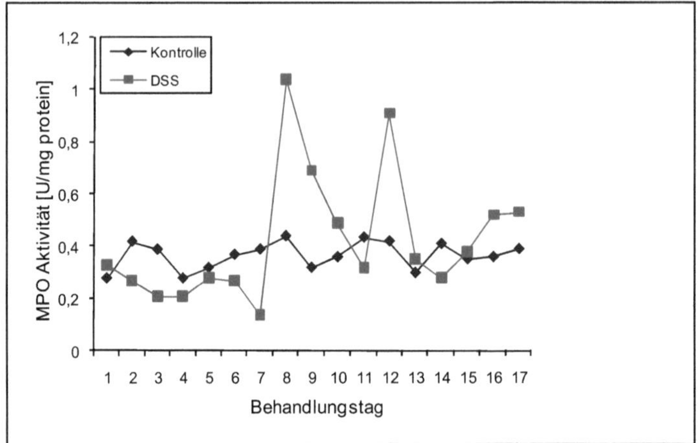

Abb. 36: *Myeloperoxidaseaktivität des Kolongewebes Zeitlicher Verlauf DSS-Kolitis*

Die Aktivität der Myeloperoxidase bei den mit DSS behandelten Tieren zeigt an Tag acht und zwölf der Behandlung einen sprunghaften Anstieg. Am Ende der siebzehntägigen Behandlung zeigen die DSS-Tiere im Vergleich zu den Kontrolltieren eine erhöhte Myeloperoxidaseaktivität. Die Behandlung mit DSS führt zu einer Steigerung der Myeloperoxidaseaktivität die Phasenförmig verläuft.

4.1.1.4 Transforming growth factor β1

In Diagramm 37 ist die mittels ELISA aus dem Kolongewebe bestimmte Konzentration an *TGF-β1* angegeben:

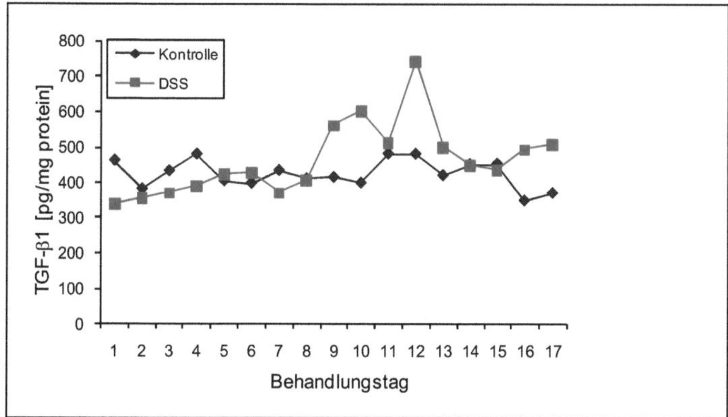

Abb. 37: *TGF-β1 Konzentration des Kolongewebes Zeitlicher Verlauf DSS-Kolitis*

Durch die DSS-Behandlung kommt es zu einem Anstieg der TGF-β1 Konzentration am achten Tag der Behandlung. Am Ende der siebzehntägigen Behandlung zeigen die DSS-Tiere im Vergleich zu den Kontrolltieren eine erhöhte Konzentration an TGF-β1 im Kolongewebe.

4.1.2 Akute DSS-Kolitis

4.1.2.1 Allgemeines

Mit Hilfe der durchgeführten Behandlung war es möglich, eine milde, für die Tiere gut zu verkraftende Entzündung des distalen Kolons zu erreichen. Ab dem achten Tag der DSS-Behandlung reagierten die Tiere mit leichten rektalen Blutungen und Diarrhöe. Die Symptome klangen ein bis zwei Tage nach Beendigung der DSS-Behandlung ab. Bei der Probenahme war eine Verletzung der Darmwand anhand von erweiterten Gefäßen und einer Verdickung des Gewebes sichtbar. Der Zustand des Gewebes bei der Probenentnahme ist in Abb. 38 dargestellt:

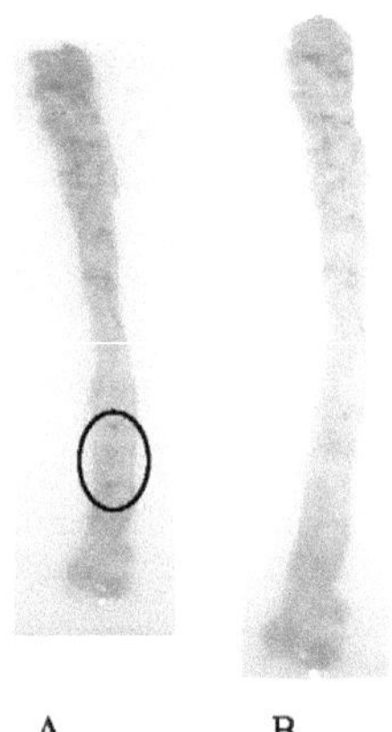

A B

Abb. 38: *Darmgewebe Akute DSS-Kolitis*
A: DSS-Behandlung; B: Kontrolle

4.1.2.2 Körpergewichtszunahme

Abb. 39 zeigt die Zunahme des Körpergewichts vom Beginn der DSS-Behandlung bis zur Probenahme:

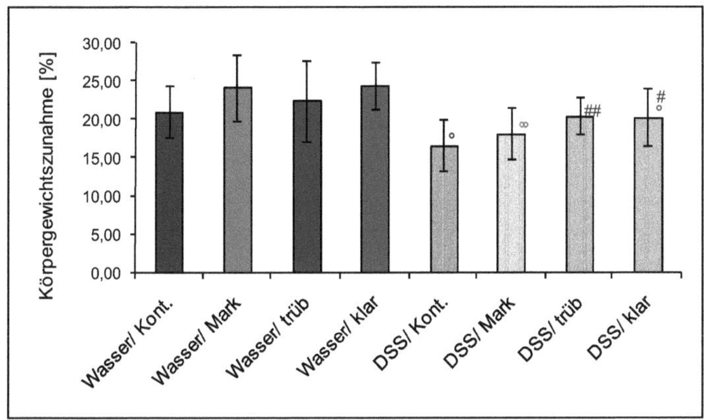

Abb. 39: *Körpergewichtszunahme Akute DSS-Kolitis*

^ p≤ 95 %, ^^ p≤99 %, ^^^ p≤ 99,9 %, n=8

**Vergleich der unbehandelten Gruppen, # Vergleich behandelten Gruppen,*

°Vergleich unbehandelte – behandelte Gruppen (gleicher Saft)

Innerhalb der Kontrollgruppen konnte kein Unterschied bezüglich der Körpergewichtszunahme festgestellt werden. Durch die Gabe von DSS hat sich die Körpergewichtszunahme bei den Tieren, die Kontrollsaft, klaren Saft beziehungsweise Apfelmark getrunken haben verringert. Die Reduktion ist bei den Tieren, die Kontrollsaft beziehungsweise Apfelmark getrunken haben stärker ausgefallen. Innerhalb der behandelten Gruppen zeigen die Tiere, die trüben beziehungsweise klaren Apfelsaft getrunken haben gegenüber den behandelten Kontrollsafttieren eine erhöhte Körpergewichtszunahme.

4.1.2.3 Quotient aus Kolongewicht und Kolonlänge

In Abb. 40 ist der Quotient aus Kolongewicht und Kolonlänge dargestellt:

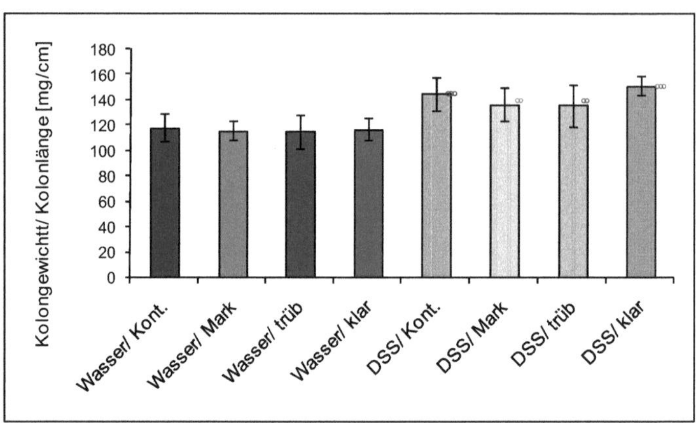

Abb. 40: *Quotient Kolongewicht und Kolonlänge Akute DSS-Kolitis*

^ p≤ 95 %, ^^ p≤99 %, ^^^ p≤ 99,9 %, n=8

**Vergleich der unbehandelten Gruppen, # Vergleich behandelten Gruppen,*

°Vergleich unbehandelte – behandelte Gruppen (gleicher Saft)

Innerhalb der unbehandelten als auch der behandelten Gruppen sind keine Unterschiede bezüglich des Quotienten aus Kolongewicht und Kolonlänge feststellbar. Durch die Behandlung mit DSS kommt es zu einem Anstieg des Quotienten.

4.1.2.4 Leukozytenzahlen

Abb. 41 gibt Auskunft über die im Vollblut gezählte Anzahl an Leukozyten:

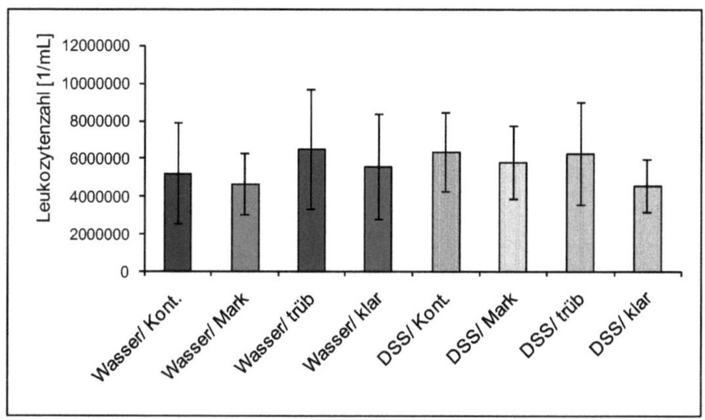

Abb. 41: *Leukozytenzahl Akute DSS-Kolitis*

^ p≤ 95 %, ^^ p≤99 %, ^^^ p≤ 99,9 %, n=8

**Vergleich der unbehandelten Gruppen, # Vergleich behandelten Gruppen,*

°Vergleich unbehandelte – behandelte Gruppen (gleicher Saft)

In Diagramm 42 ist die Anzahl der im nach Pappenheim gefärbten Blutausstrich gezählten Lymphozyten dargestellt:

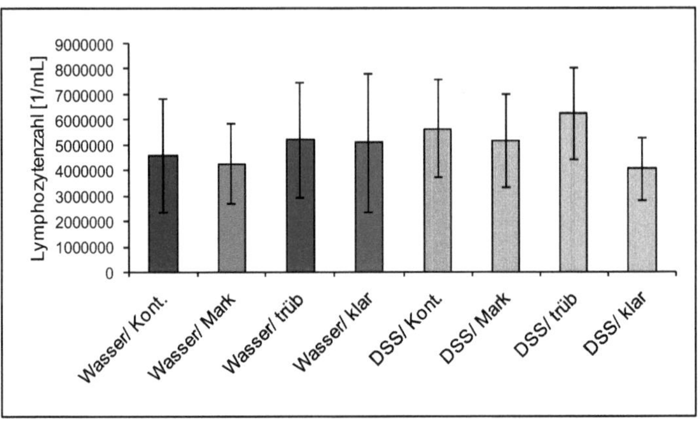

Abb. 42: *Lymphozytenzahl Akute DSS-Kolitis*

^ p≤ 95 %, ^^ p≤99 %, ^^^ p≤ 99,9 %, n=8

**Vergleich der unbehandelten Gruppen, # Vergleich behandelten Gruppen,*

°Vergleich unbehandelte – behandelte Gruppen (gleicher Saft)

Die Anzahl der im nach Pappenheim gefärbten Blutausstrich gezählten Neutrophilen ist in Abb. 43 dargestellt:

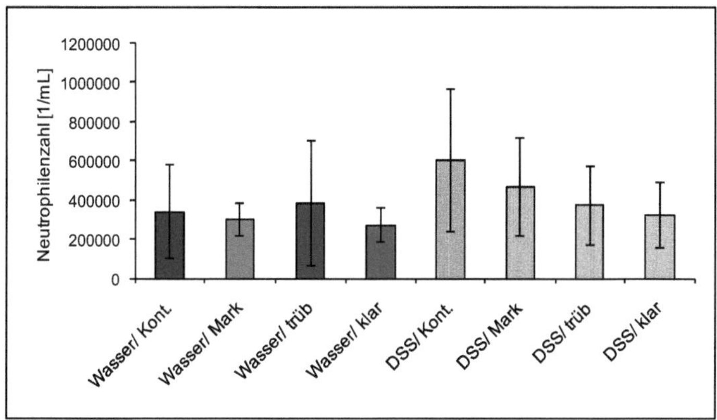

Abb. 43: *Neutrophilenzahl Akute DSS-Kolitis*

^ p≤ 95 %, ^^ p≤99 %, ^^^ p≤ 99,9 %, n=8

**Vergleich der unbehandelten Gruppen, # Vergleich behandelten Gruppen,*

°Vergleich unbehandelte – behandelte Gruppen (gleicher Saft)

Die Anzahl der Gesamtleukozyten und der Lymphozyten lassen sich weder durch die Behandlung mit DSS noch durch Apfelsaft verändern.

Die Neutrophilenzahl der Kontrolltiere wird durch die Säfte nicht beeinflusst.

Die Anzahl der Neutrophilen steigt durch die Behandlung mit DSS bei den Tieren, die Kontrollsaft beziehungsweise Apfelmark getrunken haben an. Die Erhöhung der Neutrophilenzahl ist jedoch nicht signifikant. Durch trüben und klaren Apfelsaft wird die Anzahl der Neutrophilen der DSS Tiere, die trüben und klaren Apfelsaft angeboten bekamen im Vergleich zu den DSS-Tieren, die Kontrollsaft getrunken haben tendenziell gesenkt.

4.1.2.5 Myeloperoxidaseaktivität

Die Aktivität des neutrophileneigenen Enzyms Myeloperoxidase im Kolongewebe, die durch enzymatische Umsetzung von TMB bestimmt wurde ist in Abb. 44 dargestellt:

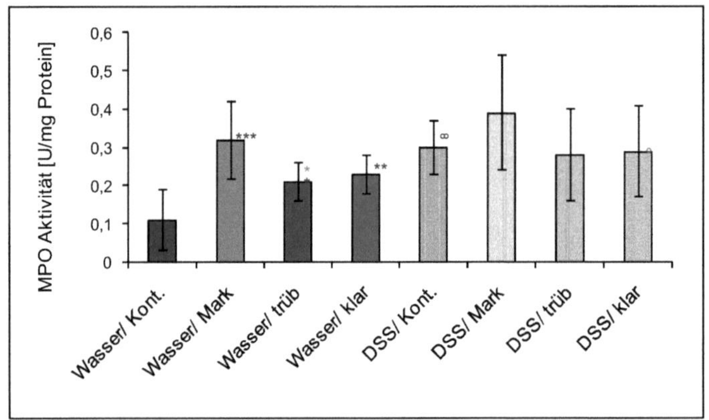

Abb. 44: *Myeloperoxidaseaktivität Akute DSS-Kolitis*

^ p≤ 95 %, ^^ p≤99 %, ^^^ p≤ 99,9 %, n=8

**Vergleich der unbehandelten Gruppen, # Vergleich behandelten Gruppen,*

°Vergleich unbehandelte – behandelte Gruppen (gleicher Saft)

Durch die Gabe der verschiedenen Apfelsäfte lässt sich die Myeloperoxidasaktivität gegenüber dem Kontrollgetränk steigern. Diese Steigerung fällt im Fall von Apfelmark besonders hoch aus.

Durch die Behandlung mit DSS kommt es bei den Tieren, die Kontrollsaft getrunken haben zu einer vermehrten Myeloperoxidaseaktivität, auch hier zeigen die Tiere die Apfelmark getrunken haben die größte Aktivität.

4.1.2.6 Tumornekrosefaktor α

In Abb. 45 ist die mittel RTQ-PCR bestimmte TNF-α Transkription des Kolongewebes dargestellt:

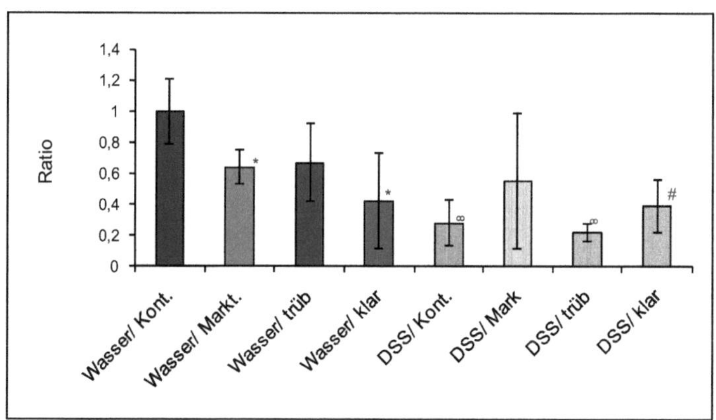

Abb. 45: *TNF-α Transkription im Kolongewebe Akute DSS-Kolitis*

^ p≤ 95 %, ^^ p≤99 %, ^^^ p≤ 99,9 %, n=8

**Vergleich der unbehandelten Gruppen, # Vergleich behandelten Gruppen,*

°Vergleich unbehandelte – behandelte Gruppen (gleicher Saft)

Die Transkription von TNF-α wird durch Apfelmark, trüben und klaren Apfelsaft im Vergleich zum Kontrollsaft verringert.

Durch die Gabe von DSS kommt es in Kombination mit Kontrollsaft beziehungsweise trübem Apfelsaft zu einer Verringerung der TNF-α Expression.

4.1.2.7 Transforming growth factor β1

Diagramm 46 informiert über den mittels ELISA bestimmten Gehalt an TGF-β1 im Kolongewebe:

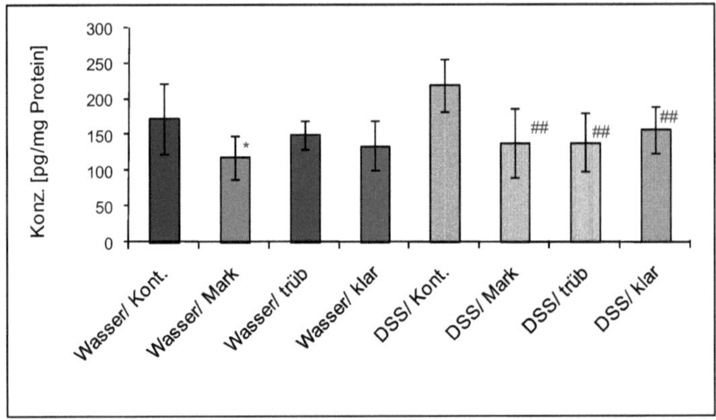

Abb. 46: *TGF-β1 Gehalt Akute DSS-Kolitis*

^ $p \leq 95$ %, ^^ $p \leq 99$ %, ^^^ $p \leq 99{,}9$ %, n=8

**Vergleich der unbehandelten Gruppen, # Vergleich behandelten Gruppen,*

°Vergleich unbehandelte – behandelte Gruppen (gleicher Saft)

Innerhalb der Kontrollgruppen hat Apfelsaft keinen Einfluss auf den Gehalt an TGF-β1, während in den mit DSS behandelten Gruppen alle eingesetzten Säfte eine Reduktion des TGF-β1 Gehalts gegenüber dem Kontrollsaft bewirken.

Durch DSS lässt sich der TGF-β1 Gehalt nicht signifikant verändern. Jedoch zeigen die Tiere, die Kontrollsaft getrunken haben bei Behandlung mit DSS tendenziell höhere Gehalte an TGF-β1 als die Tiere, die die anderen Säfte konsumiert haben.

4.1.2.8 Kurzkettige Fettsäuren

In Abb. 47 ist beispielhaft das Fettsäurespektrum des Koloninhalts eines unbehandelten Tieres der Kontrollsaftgruppe dargestellt:

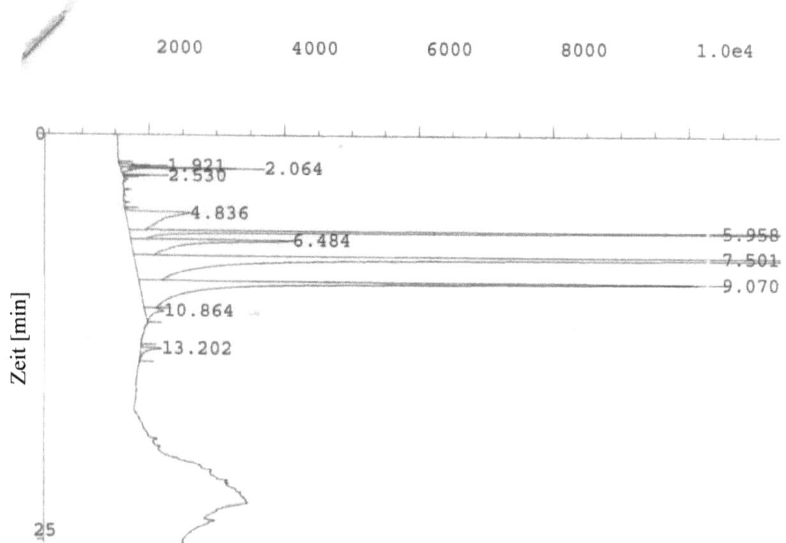

Abb. 47: *Fettsäurespektrum eines unbehandelten Tieres der Kontrollsaftgruppe 4,84 min: Acetat; 5,9 min: 2-Methy-1-Pentanol; 6,48 min: Propionat, 7,50 min: Isobutyrat; 9,07 min: Butyrat*

Die Ergebnisse der Analyse des Caecuminhalts mittels Gaschromatographie auf kurzkettige Fettsäuren ist in Abb. 48 und 49 dargestellt:

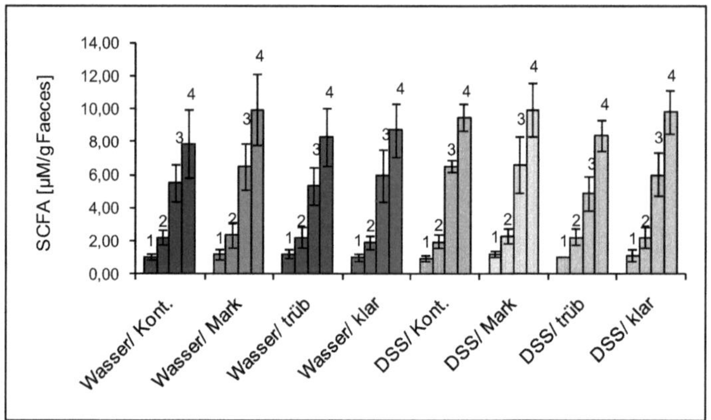

Abb. 48: *Gehalt an SCFA im Caecuminhalt Akute DSS-Kolitis*

^ p≤ 95 %, ^^ p≤99 %, ^^^ p≤ 99,9 %, n=8

1: Acetat, 2: Propionat, 3: Butyrat, 4: Gesamtgehalt an SCFA

**Vergleich der unbehandelten Gruppen, # Vergleich behandelten Gruppen,*

°Vergleich unbehandelte – behandelte Gruppen (gleicher Saft)

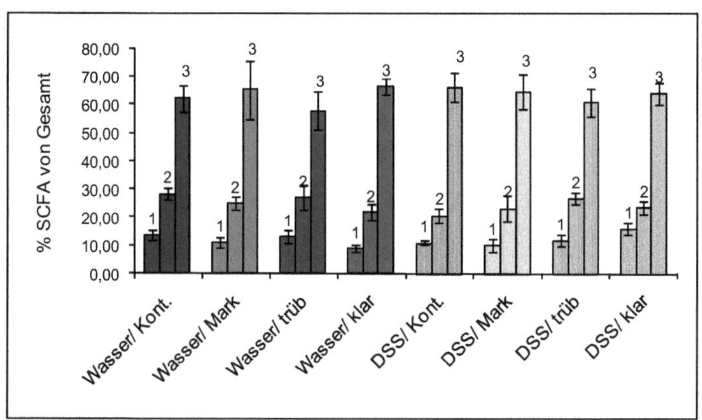

Abb. 49: *Prozentualer Anteil der einzelnen SCFA am Gesamtgehalt im Caecuminhalt Akute DSS-Kolitis*

^ p≤ 95 %, ^^ p≤99 %, ^^^ p≤ 99,9 %, n=8

1: Acetat, 2: Propionat, 3: Butyrat

**Vergleich der unbehandelten Gruppen, # Vergleich behandelten Gruppen,*

°Vergleich unbehandelte – behandelte Gruppen (gleicher Saft)

Die Resultate der Analyse des Koloninhalts mittels Gaschromatographie auf kurzkettige Fettsäuren sind den Diagrammen 50 und 51 zu entnehmen:

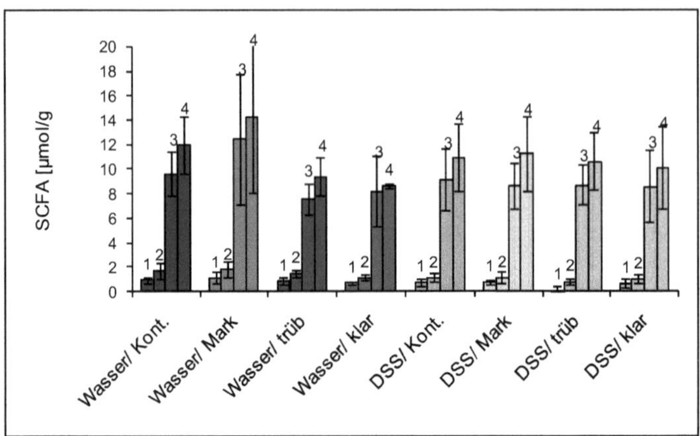

Abb. 50: *Gehalt an SCFA im Koloninhalt Akute DSS-Kolitis*

1: Acetat, 2: Propionat, 3: Butyrat, 4: Gesamtgehalt an SCFA

^ p≤ 95 %, ^^ p≤99 %, ^^^ p≤ 99,9 %, n=8

**Vergleich der unbehandelten Gruppen, # Vergleich behandelten Gruppen,*

°Vergleich unbehandelte – behandelte Gruppen (gleicher Saft)

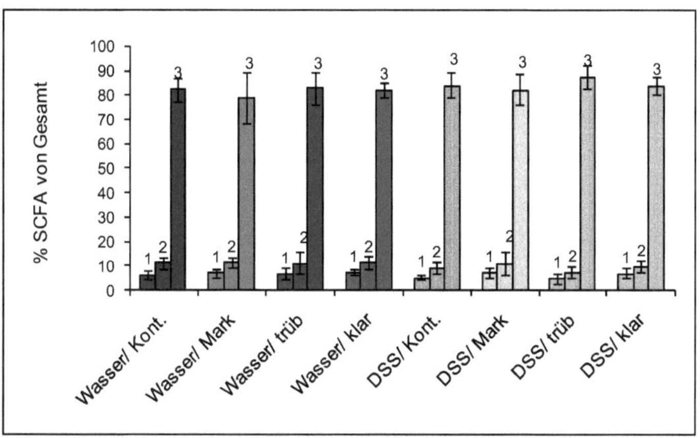

***Abb. 51:** Prozentualer Anteil der einzelnen SCFA am Gesamtgehalt im Koloninhalt Akute DSS-Kolitis*

^ p≤ 95 %, ^^ p≤99 %, ^^^ p≤ 99,9 %, n=8

1: Acetat, 2: Propionat, 3: Butyrat

**Vergleich der unbehandelten Gruppen, # Vergleich behandelten Gruppen,*

°Vergleich unbehandelte – behandelte Gruppen (gleicher Saft)

Der Gesamtgehalt an SCFA ist im Kolon durchschnittlich um 100 mg/g Darminhalt höher als im Caecum. Das Verhältnis der einzelnen Fettsäuren zueinander beträgt ist im Caecum durchschnittlich 15:25:60 (Acetat:Propionat:Butyrat) und im Kolon 10:10:80 (Acetat:Propionat:Butyrat).

Weder im Caecum noch im Kolon lässt sich das jeweilige Verhältnis der drei Fettsäuren durch die Gabe der verschiedenen Säfte beeinflussen.

Der Gehalt an SCFA im Kolon lässt sich durch die Gabe von Apfelmark beeinflussen. Die Reaktion der Tiere auf das Apfelmark ist sehr unterschiedlich. Zum Teil kommt es zu einer starken Steigerung der Menge an SCFA, zum anderen zu einer Verringerung der Menge an kurzkettigen Fettsäuren. Insgesamt führt die Gabe von Apfelmark zu einer vermehrten Produktion von SCFA, die jedoch aufgrund der unterschiedlichen Reaktion der Tiere und der damit verbundenen Standardabweichungen nicht signifikant ist.

4.1.2.9 Histologie

In Abb. 52 ist der durch Paraffinschnitt erhaltene Querschnitt des Rattenkolons im Fall eines Normalbefundes dargestellt:

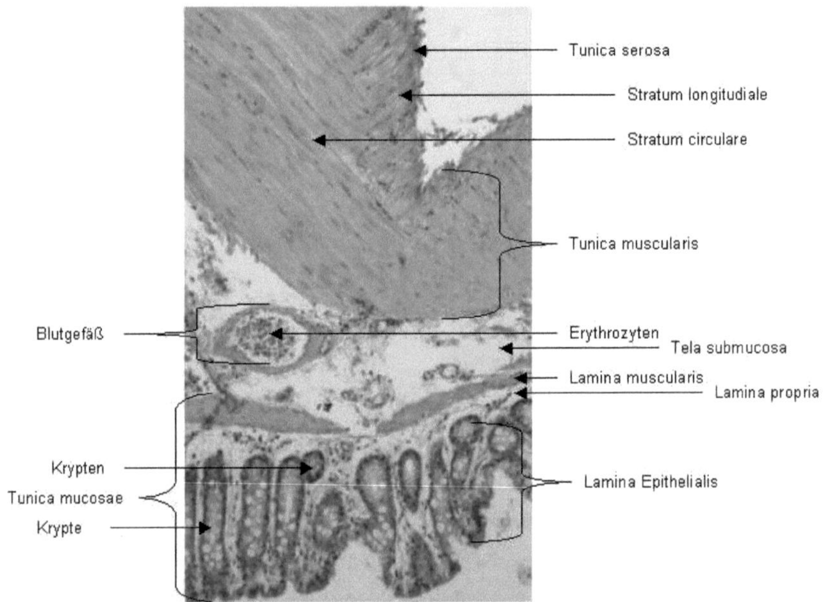

Abb. 52: *Paraffinschnitt des Rattenkolons, Normalbefund*

In Abb. 53 ist der durch Paraffinschnitt erhaltene Querschnitt des Rattenkolons im Fall einer Kryptenfibrose dargestellt:

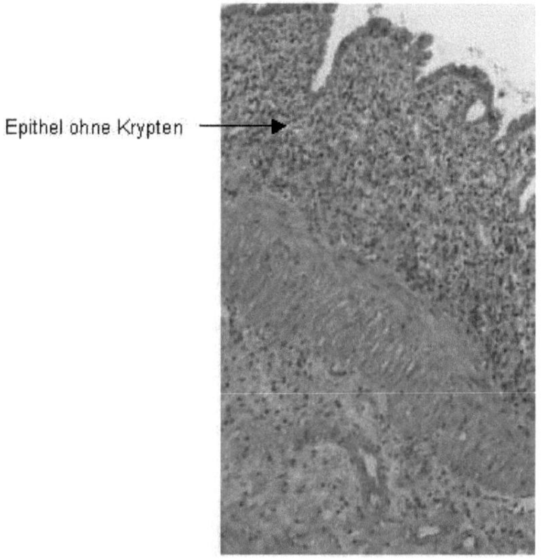

Abb. 53: *Paraffinschnitt des Rattenkolons, Kryptenfibrose*

In Abb. 54 ist die Bewertung der mittels HE gefärbten, histologischen Paraffinschnitte des Kolongewebes bezüglich der Kryptenfifbrosen dargestellt. Die Bewertung erfolgte mit Hilfe eines Scores von 0-3 (0 = unauffällig, 1 = schwach, 2 = mittelstark, 3 = stark):

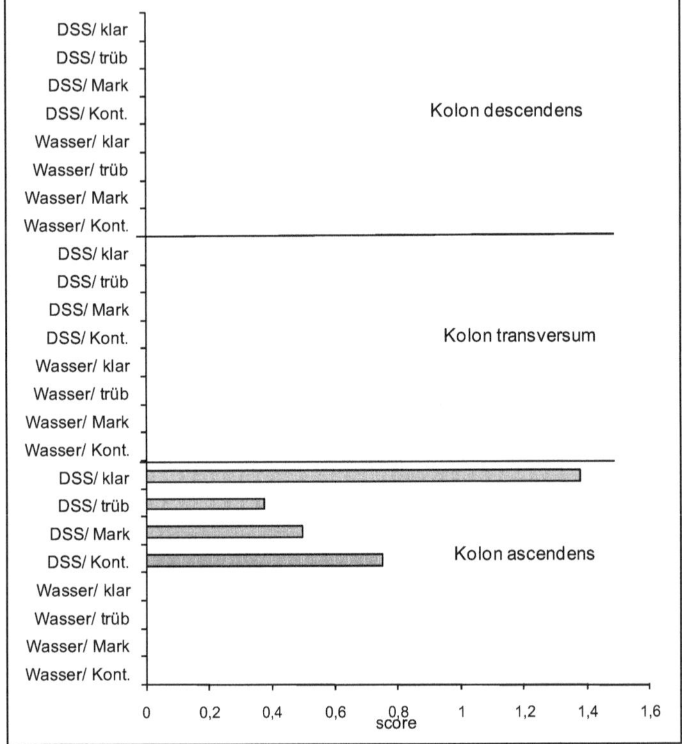

***Abb. 54:** Kryptenfibrose Akute DSS-Kolitis*

In Abb. 55 ist der durch Paraffinschnitt erhaltene Querschnitt des Rattenkolons im Fall der Bildung von Regenerationsgewebe dargestellt.

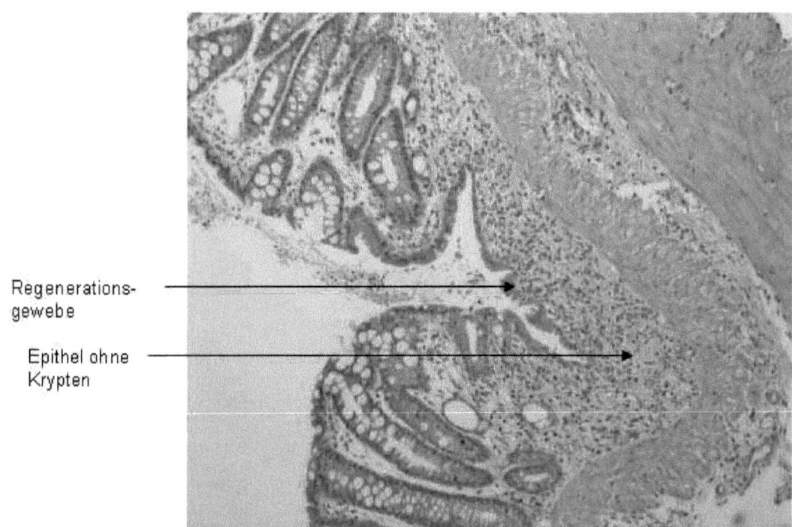

Abb. 55: *Paraffinschnitt des Rattenkolons, Regenerationsgewebe*

Abb. 56 zeigt die Bewertung der mittels HE gefärbten, histologischen Paraffinschnitte des Kolongewebes bezüglich der Bildung von Regenerationsgewebe. Die Bewertung erfolgte mit Hilfe eines Scores von 0-3 (0 = unauffällig, 1 = schwach, 2 = mittelstark, 3 = stark):

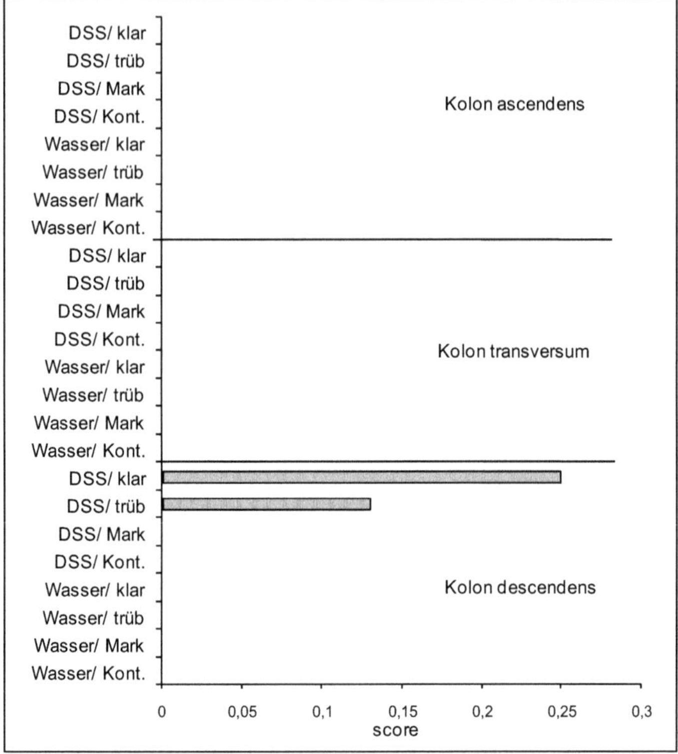

Abb. 56: *Bildung von Regenerationsgewebe Akute DSS-Kolitis*

In Schaubild 57 ist die Bewertung der mittels HE gefärbten, histologischen Paraffinschnitte des Kolongewebes in Bezug auf akute Entzündungsmerkmale dargestellt. Die Bewertung erfolgte mit Hilfe eines Scores von 0-3 (0 = unauffällig, 1 = schwach, 2 = mittelstark, 3 = stark):

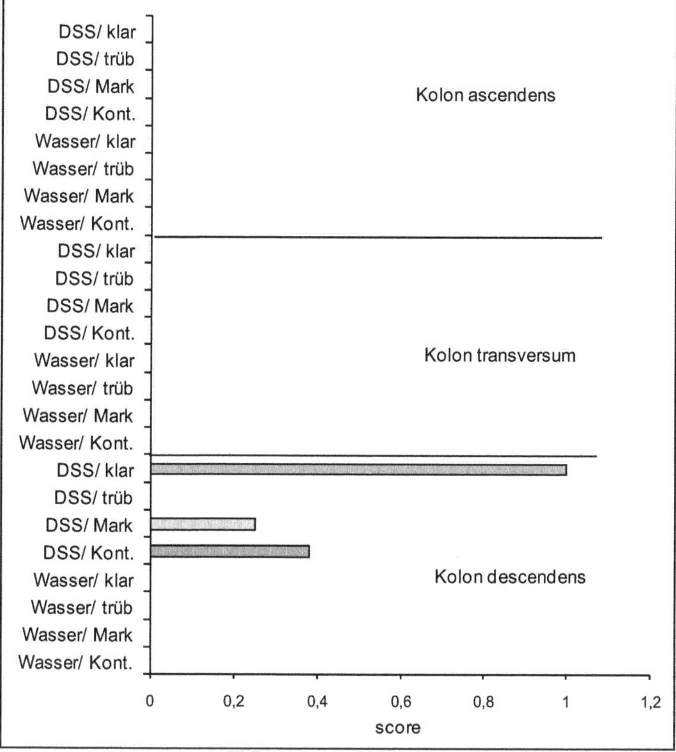

***Abb. 57:** Merkmale einer akuten Entzündung Akute DSS-Kolitis*

Diagramm 58 zeigt die Bewertung der mittels HE gefärbten, histologischen Paraffinschnitte des Kolongewebes in Bezug auf Merkmale einer chronischen Entzündung. Die Bewertung erfolgte mit Hilfe eines Scores von 0-3 (0 = unauffällig, 1 = schwach, 2 = mittelstark, 3 = stark):

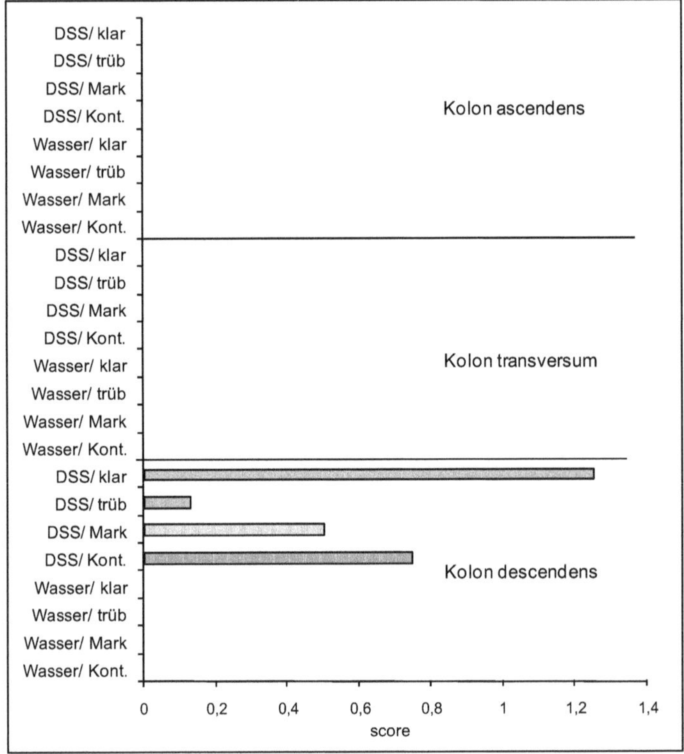

***Abb. 58:** Merkmale einer chronischen Entzündung Akutes DSS-Modell*

Durch die Behandlung mit DSS kommt es zur Fibrose der Krypten im Kolon descendens. Diese fällt im Fall der Tiere, die klaren Saft getrunken haben stärker aus als bei den Tieren, die die anderen Säfte angeboten bekommen haben. Die anderen Kolonabschnitte sind nicht betroffen.

Bei den DSS-Behandelten Tieren, die trüben und klaren Apfelsaft getrunken haben kommt es im Kolon descendens zur Bildung von Regenerationsgewebe.

Merkmale einer akuten und chronischen Entzündung lassen sich nur bei den DSS-Tieren und auch dort nur im Kolon descendens finden. Die Merkmale sind bei den Tieren, die klaren

Apfelsaft getrunken haben besonders stark ausgeprägt, während sie bei den Tieren, die trüben Saft getrunken haben besonders gering ausgeprägt sind.

4.1.3 Chronische DSS-Kolitis

4.1.3.1 Allgemeines

Mit Hilfe der durchgeführten Behandlung war es möglich, eine mittelstarke, für die Tiere verkraftbare Entzündung des distalen Kolons zu erzielen. Ab dem dritten bis vierten Tag jeder DSS-Behandlung reagierten die Tiere mit leichten rektalen Blutungen und teilweise mit Diarrhöe. Die Stärke der rektalen Blutungen nahm mit jeder der DSS-Behandlungen zu. Die Symptome klangen einen bis zwei Tage nach Beendigung der jeweiligen DSS-Behandlung ab. Bei der Entnahme der Proben war eine Verletzung der Darmwand anhand von erweiterten Gefäßen, einer starken Verdickung des Gewebes mit Blutanhaftungen sichtbar. Der Zustand des Gewebes bei der Probenentnahme ist in Abb. 59 dargestellt:

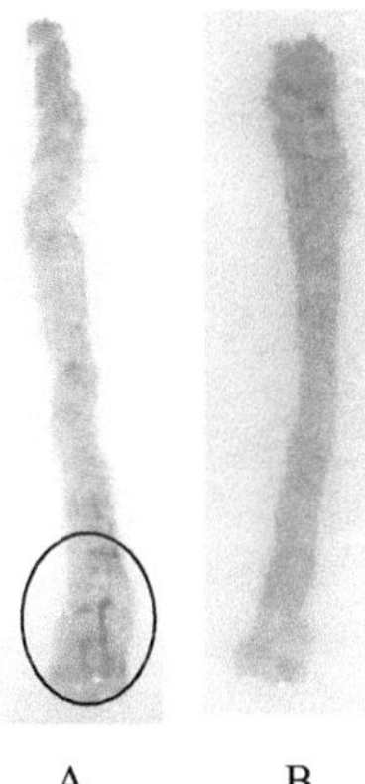

Abb. 59: *Darmgewebe Chronische DSS-Kolitis*
A: DSS-Behandlung; B: Kontrolle

4.1.3.2 Okkultes Blut

Abb. 60 zeigt das Ergebnis des Tests auf okkultes Blut (Haemokult) in den Faeces. Die Bewertung erfolgte mit Hilfe eines Scores von 0-2 (0 = unauffällig, 1 = schwach, 2 = stark):

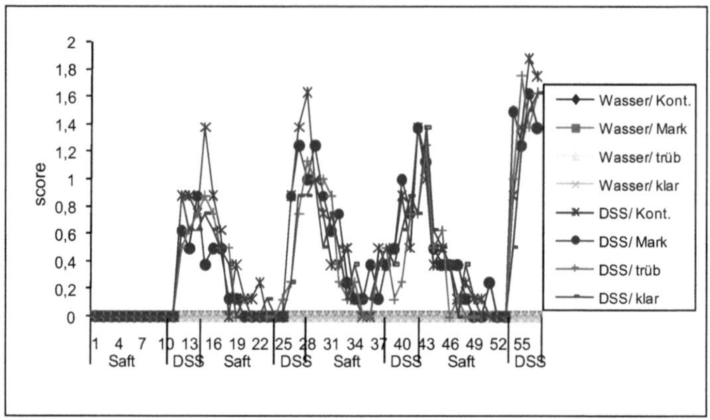

Abb. 60: *Okkultes Blut Chronisches DSS-Modell*

^ p≤ 95 %, ^^ p≤99 %, ^^^ p≤ 99,9 %, n=8

**Vergleich der unbehandelten Gruppen, # Vergleich behandelten Gruppen,*

°Vergleich unbehandelte – behandelte Gruppen (gleicher Saft)

Durch die Gabe von DSS kommt es zu okkulten Blutungen. Mit jeder DSS-Phase setzen die Blutungen früher ein und klingen später ab. Die Intensität der Blutung nimmt mit zunehmender DSS-Phase zu. Unterschiede zwischen den einzelnen Säften lassen sich nicht erkennen.

4.1.3.3 Körpergewichtszunahme

In Abb. 61 ist der Verlauf der Körpergewichtszunahme der Tiere während der Studie dargestellt:

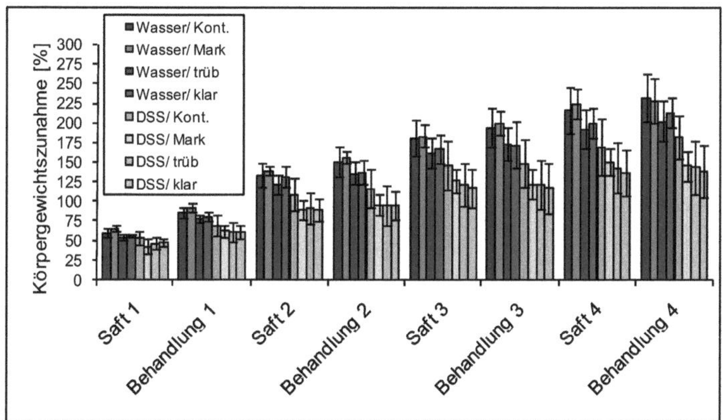

Abb. 61: *Verlauf der Körpergewichtszunahme Chronische DSS-Kolitis*

^ p≤ 95 %, ^^ p≤99 %, ^^^ p≤ 99,9 %, n=8

**Vergleich der unbehandelten Gruppen, # Vergleich behandelten Gruppen,*

°Vergleich unbehandelte – behandelte Gruppen (gleicher Saft)

Abb. 62 zeigt die Zunahme des Körpergewichts vom ersten (erster Tag Saft erste Saftphase) bis zum letzten Tag der Studie (4 Tag DSS bzw. Wasser 4. Behandlungsphase):

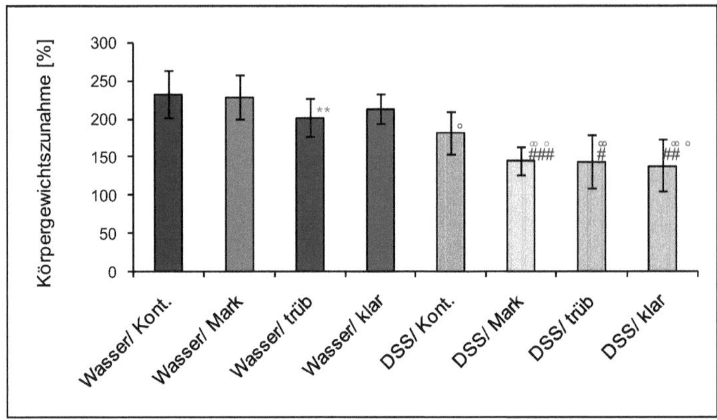

Abb. 62: *Körpergewichtszunahme Chronische DSS-Kolitis*

^ p≤ 95 %, ^^ p≤99 %, ^^^ p≤ 99,9 %, n=8

**Vergleich der unbehandelten Gruppen, # Vergleich behandelten Gruppen,*

°Vergleich unbehandelte – behandelte Gruppen (gleicher Saft)

Die Gabe von DSS führt zu einer Reduktion der Körpergewichtszunahme. Die Reduktion der Körpergewichtszunahme ist gegenüber den Tieren, die Kontrollsaft getrunken haben bei allen verwendeten Säften größer. Durch die alleinige Gabe der Säfte lässt sich die Körpergewichtszunahme nicht beeinflussen. Mit zunehmender DSS-Phase wird der Unterschied in der Körpergewichtszunahme zwischen den Kontrolltieren und den mit DSS behandelten Tieren größer.

4.1.3.4 Quotient aus Kolongewicht und Kolonlänge

In Abb. 63 ist der Quotient aus Kolongewicht und Kolonlänge dargestellt:

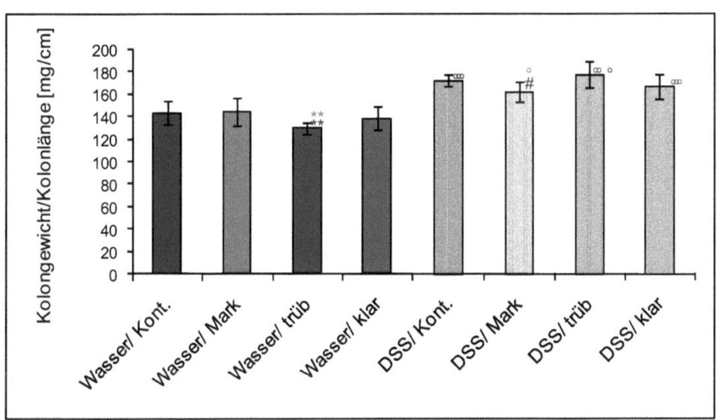

Abb. 63: *Quotient aus Kolongewicht und Kolonlänge Chronische DSS-Kolitis*

^ p≤ 95 %, ^^ p≤99 %, ^^^ p≤ 99,9 %, n=8

**Vergleich der unbehandelten Gruppen, # Vergleich behandelten Gruppen,*

°Vergleich unbehandelte – behandelte Gruppen (gleicher Saft)

DSS führt zu einer Erhöhung des Quotienten aus Kolongewicht und Kolonlänge. Apfelsaft beeinflusst den Quotienten nicht.

4.1.3.5 Leukozytenzahlen

Abb. 64 zeigt die im Vollblut gezählte Leukozytenzahl:

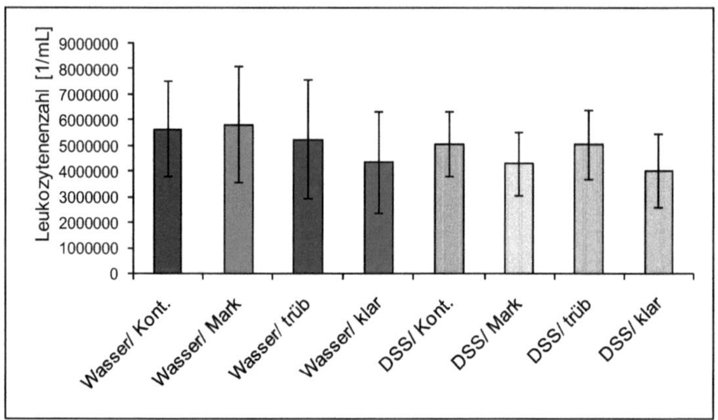

Abb. 64: *Leukozytenzahl Chronische DSS-Kolitis*

^ p≤ 95 %, ^^ p≤99 %, ^^^ p≤ 99,9 %, n=8

**Vergleich der unbehandelten Gruppen, # Vergleich behandelten Gruppen,*

°Vergleich unbehandelte – behandelte Gruppen (gleicher Saft)

In Diagramm 65 ist die Anzahl der im nach Pappenheim gefärbten Blutausstrich gezählten Lymphozyten dargestellt:

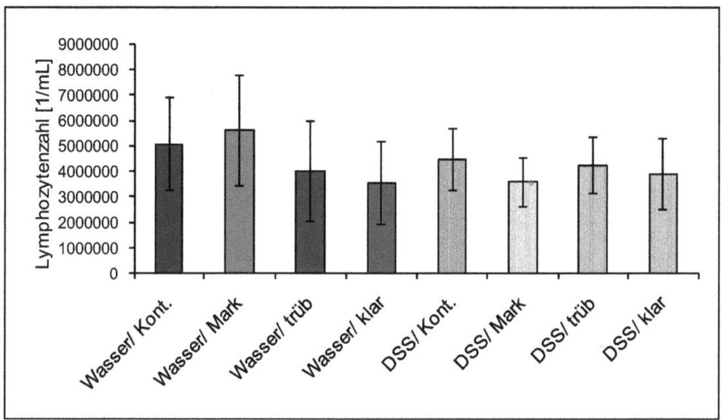

Abb. 65: *Lymphozytenzahl Chronische DSS-Kolitis*

^ p≤ 95 %, ^^ p≤99 %, ^^^ p≤ 99,9 %, n=8

**Vergleich der unbehandelten Gruppen, # Vergleich behandelten Gruppen,*

°Vergleich unbehandelte – behandelte Gruppen (gleicher Saft)

Die Anzahl der im nach Pappenheim gefärbten Blutausstrich gezählten Neutrophilen ist in Abb. 66 dargestellt:

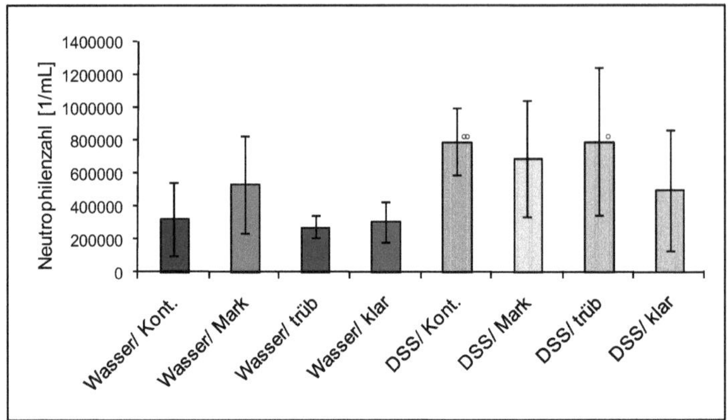

Abb. 66: *Neutrophilenzahl Chronische DSS-Kolitis*

^ $p\leq$ 95 %, ^^ $p\leq$99 %, ^^^ $p\leq$ 99,9 %, n=8

**Vergleich der unbehandelten Gruppen, # Vergleich behandelten Gruppen,*

°Vergleich unbehandelte – behandelte Gruppen (gleicher Saft)

Die Anzahl der Gesamtleukozyten und der Lymphozyten lassen sich weder durch die Behandlung mit DSS noch durch Apfelsaft verändern.

Die Anzahl der Neutrophilen steigt durch die Behandlung mit DSS an.

Durch Apfelsaft lässt sich die Anzahl an Neutrophilen nicht signifikant beeinflussen, jedoch haben die Kontrolltiere, die Apfelmark getrunken haben tendenziell eine höhere Anzahl von Neutrophilen im Blut.

4.1.3.6 Myeloperoxidaseaktivität

Abb. 67 zeigt die Aktivität des neutrophileneigenen Enzyms MPO, die durch enzymatische Umsetzung von o-Dianisidin im Kolongewebe bestimmt wurde:

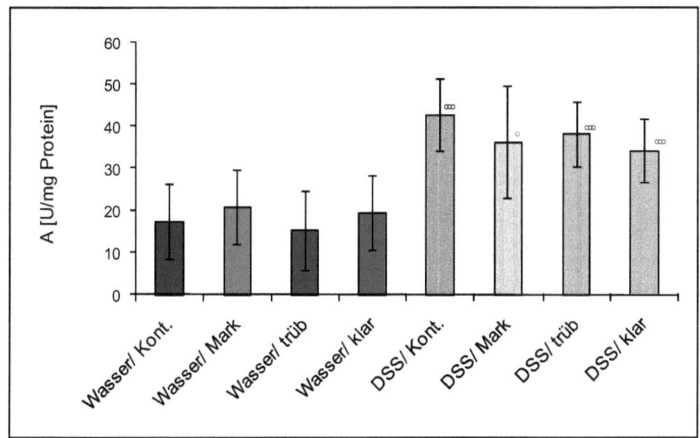

Abb. 67: *Myeloperoxidaseaktivität Chronische DSS-Kolitis*

^ p≤ 95 %, ^^ p≤99 %, ^^^ p≤ 99,9 %, n=8

**Vergleich der unbehandelten Gruppen, # Vergleich behandelten Gruppen,*

°Vergleich unbehandelte – behandelte Gruppen (gleicher Saft)

Eine Behandlung der Tiere mit DSS führt zu einem starken Anstieg der Aktivität des neutrophileneigenen Enzyms MPO. Durch Apfelsaft lässt sich die MPO-Aktivität nicht beeinflussen.

4.1.3.7 Tumornekrosefaktor α

Abb. 68 zeigt den mittels Western Blot bestimmte Expression von TNF-α im Kolongewebe. Die 26 kDa Bande stellt die glykosylierte Form des Proteins dar (siehe Kapitel 2.2.1):

PK: Positivkontrolle; 1: Wasser/Kontrollsaft; 2: Wasser/Apfelmark; 3: Wasser/trüber Apfelsaft; 4: Wasser/klarer Apfelsaft; 5: DSS/Kontrollsaft; 6: DSS/Apfelmark; 7: DSS/trüber Apfelsaft; 8: DSS/klarer Apfelsaft; Ma: Marker

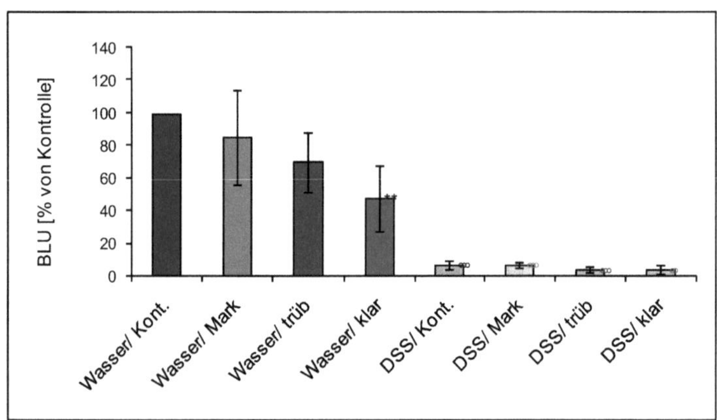

Abb. 68: *TNF-α Expression im Kolongewebe Chronische DSS-Kolitis*

^ p≤ 95 %, ^^ p≤99 %, ^^^ p≤ 99,9 %, n=8

**Vergleich der unbehandelten Gruppen, # Vergleich behandelten Gruppen,*

°Vergleich unbehandelte – behandelte Gruppen (gleicher Saft)

Die mittels Western Blot bestimmte Expression an TNF-α im Milzgewebe ist in Diagramm 69 dargestellt. Die 26 kDa Bande stellt die glykosylierte Form des Proteins dar (siehe Kapitel 2.2.1):

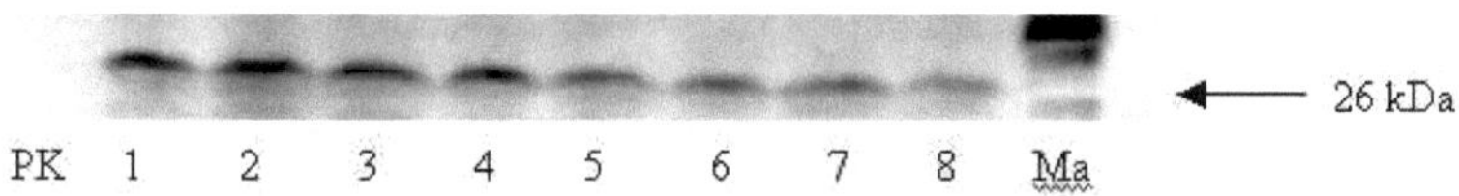

PK: Positivkontrolle; 1: Wasser/Kontrollsaft; 2: Wasser/Apfelmark; 3: Wasser/trüber Apfelsaft; 4: Wasser/klarer Apfelsaft; 5: DSS/Kontrollsaft; 6: DSS/Apfelmark; 7: DSS/trüber Apfelsaft; 8: DSS/klarer Apfelsaft; Ma: Marker

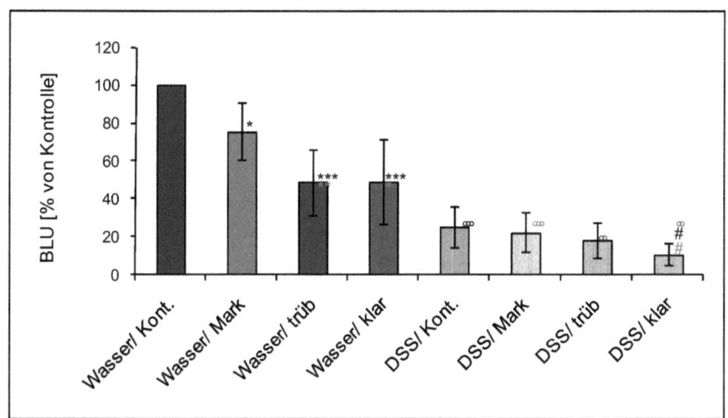

Abb. 69: *TNF-α Expression im Milzgewebe Chronische DSS-Kolitis*

^ p≤ 95 %, ^^ p≤99 %, ^^^ p≤ 99,9 %, n=8

**Vergleich der unbehandelten Gruppen, # Vergleich behandelten Gruppen,*

°Vergleich unbehandelte – behandelte Gruppen (gleicher Saft)

Die Bestimmung der TNF-α Expression im Blutserum mittels Western Blot lieferte die in Abb. 70 gezeigten Resultate. Die 26 kDa Bande stellt die glykosylierte Form des Proteins dar (siehe Kapitel 2.2.1):

PK: Positivkontrolle; 1: Wasser/Kontrollsaft; 2: Wasser/Apfelmark; 3: Wasser/trüber Apfelsaft; 4: Wasser/klarer Apfelsaft; 5: DSS/Kontrollsaft; 6: DSS/Apfelmark; 7: DSS/trüber Apfelsaft; 8: DSS/klarer Apfelsaft; Ma: Marker

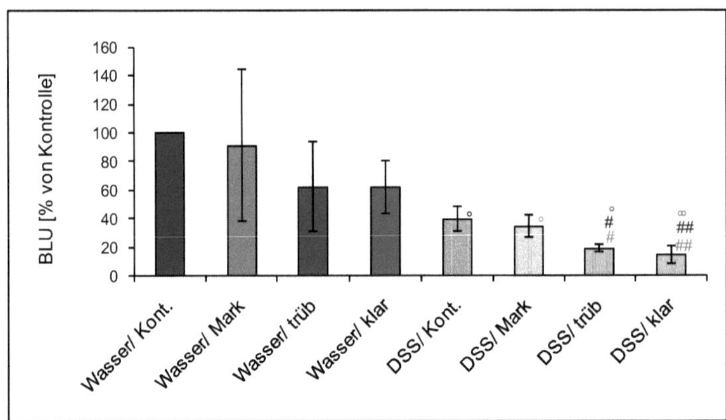

Abb. 70: *TNF-α Expression im Blutserum Chronische DSS-Kolitis*

^ p≤ 95 %, ^^ p≤99 %, ^^^ p≤ 99,9 %, n=8

**Vergleich der unbehandelten Gruppen, # Vergleich behandelten Gruppen,*

°Vergleich unbehandelte – behandelte Gruppen (gleicher Saft)

In Abb. 71 ist die mittel RTQ-PCR bestimmte TNF-α Transkription des Kolongewebes dargestellt:

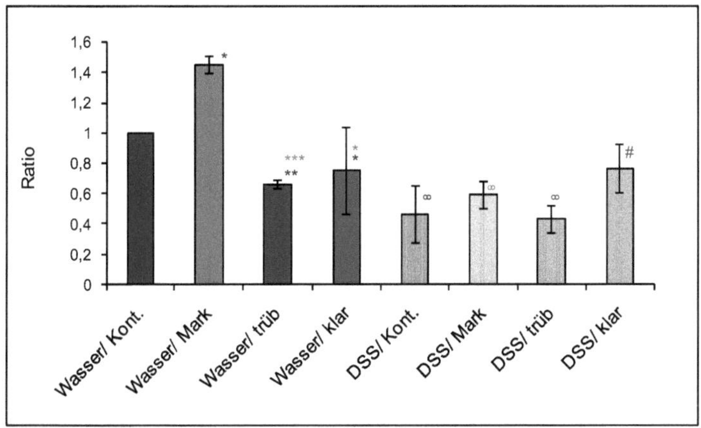

Abb. 71: *TNF-α Transkription im Kolongewebe Chronische DSS-Kolitis*

^ p≤ 95 %, ^^ p≤99 %, ^^^ p≤ 99,9 %, n=8

**Vergleich der unbehandelten Gruppen, # Vergleich behandelten Gruppen,*

°Vergleich unbehandelte – behandelte Gruppen (gleicher Saft)

Die Expression von TNF-α lässt sich in allen hier untersuchten Geweben durch die im Versuch gewählte DSS-Behandlung senken. Gleiches geschieht mit der TNF-α Transkription. Der Senkung der TNF-α Expression ist im Kolongewebe stärker als im Milzgewebe und im Blutserum. Sowohl auf Proteinebene (alle hier untersuchten Gewebe) als auch auf RNA-Ebene kommt es durch die Gabe von trübem und klaren Apfelsaft zur TNF-α Reduktion. Apfelmark zeigt diesen Effekt nicht.

4.1.3.8 Inducible protein 10

Abb. 72 zeigt die mittels Western Blot bestimmte Expression an Ip-10 im Kolongewebe. Die 20 kDa Bande stellt die glykosylierte Form des Proteins dar (siehe Kapitel 2.2.2):

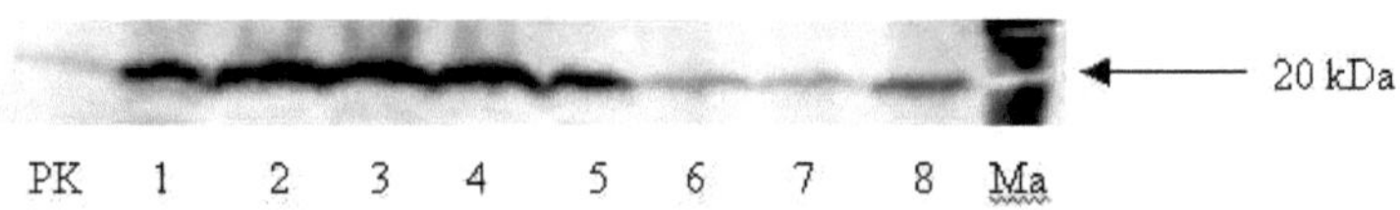

PK: Positivkontrolle; 1: Wasser/Kontrollsaft; 2: Wasser/Apfelmark; 3: Wasser/trüber Apfelsaft; 4: Wasser/klarer Apfelsaft; 5: DSS/Kontrollsaft; 6: DSS/Apfelmark; 7: DSS/trüber Apfelsaft; 8: DSS/klarer Apfelsaft; Ma: Marker

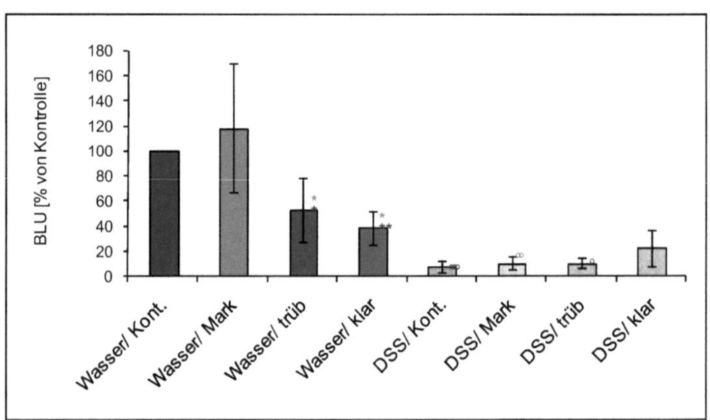

***Abb. 72:** Ip-10 Expression im Kolongewebe Chronische DSS-Kolitis*

^ $p \leq 95$ %, ^^ $p \leq 99$ %, ^^^ $p \leq 99{,}9$ %, n=8

**Vergleich der unbehandelten Gruppen, # Vergleich behandelten Gruppen,*

°Vergleich unbehandelte – behandelte Gruppen (gleicher Saft)

Die mittels Western Blot bestimmte Expression an Ip-10 im Milzgewebe ist in Diagramm 73 dargestellt. Die 20 kDa Bande stellt die glykosylierte Form des Proteins dar (siehe Kapitel 2.2.2):

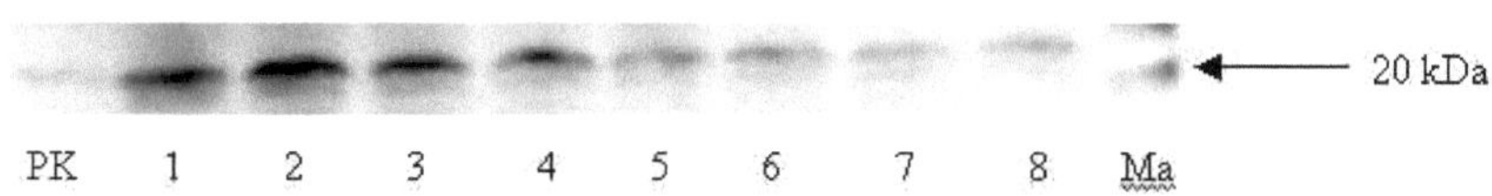

PK: Positivkontrolle; 1: Wasser/Kontrollsaft; 2: Wasser/Apfelmark; 3: Wasser/trüber Apfelsaft; 4: Wasser/klarer Apfelsaft; 5: DSS/Kontrollsaft; 6: DSS/Apfelmark; 7: DSS/trüber Apfelsaft; 8: DSS/klarer Apfelsaft; Ma: Marker

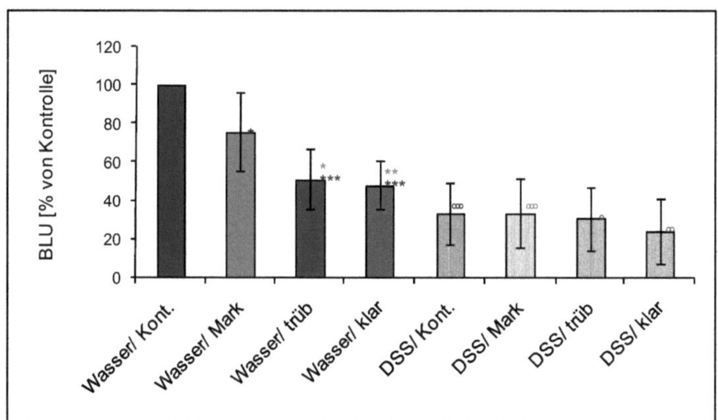

Abb. 73: *Ip-10 Expression im Milzgewebe Chronische DSS-Kolitis*

^ p≤ 95 %, ^^ p≤99 %, ^^^ p≤ 99,9 %, n=8

**Vergleich der unbehandelten Gruppen, # Vergleich behandelten Gruppen,*

°Vergleich unbehandelte – behandelte Gruppen (gleicher Saft)

Die Bestimmung der Expression von Ip-10 im Blutserum mittels Western Blot lieferte die in Abb. 74 gezeigten Resultate. Die 20 kDa Bande stellt die glykosylierte Form des Proteins dar (siehe Kapitel 2.2.2):

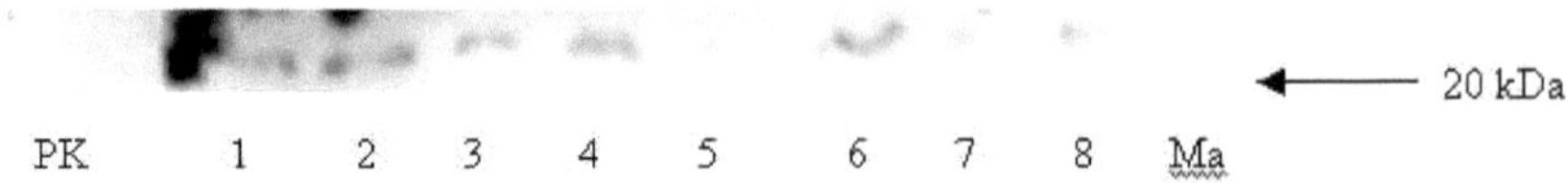

PK: Positivkontrolle; 1: Wasser/Kontrollsaft; 2: Wasser/Apfelmark; 3: Wasser/trüber Apfelsaft; 4: Wasser/klarer Apfelsaft; 5: DSS/Kontrollsaft; 6: DSS/Apfelmark; 7: DSS/trüber Apfelsaft; 8: DSS/klarer Apfelsaft; Ma: Marker

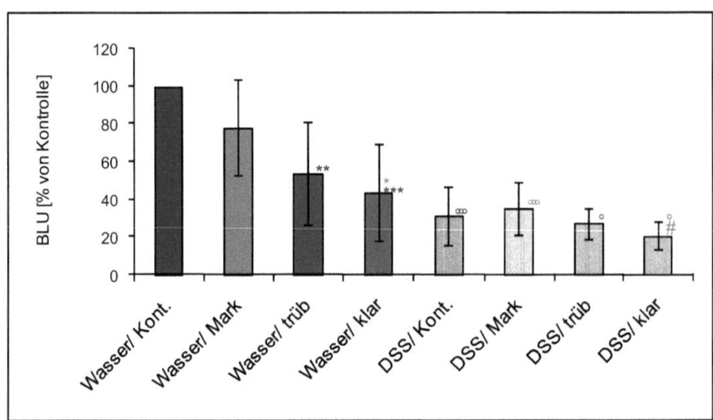

Abb. 74: *Ip-10 Expression im Blutserum auf Proteinebene Chronische DSS-Kolitis*

^ p≤ 95 %, ^^ p≤99 %, ^^^ p≤ 99,9 %, n=8

**Vergleich der unbehandelten Gruppen, # Vergleich behandelten Gruppen,*

°Vergleich unbehandelte – behandelte Gruppen (gleicher Saft)

Die bei der Untersuchung der Ip-10 Expression erhaltenen Ergebnisse stimmen mit denen bei der Untersuchung von TNF-α erhaltenen überein.

4.1.3.9 Transforming growth factor β1

Abb. 75 zeigt den Gehalt an TGF-β1 im Kolongewebe, der mittels ELISA bestimmt wurde:

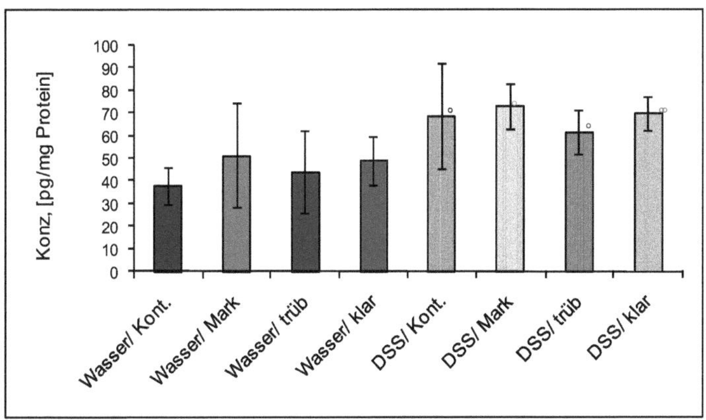

Abb. 75: *TGF-β1Gehalt Chronische DSS-Kolitis*

^ p≤ 95 %, ^^ p≤99 %, ^^^ p≤ 99,9 %, n=8

**Vergleich der unbehandelten Gruppen, # Vergleich behandelten Gruppen,*

°Vergleich unbehandelte – behandelte Gruppen (gleicher Saft)

Durch die Gabe von DSS steigt der Gehalt an TGF-β1 an. Eine Beeinflussung des TGF-β1 Gehalts durch Apfelsaft ist nicht zu erkennen.

4.1.3.10 Kurzkettige Fettsäuren

Die Ergebnisse der Analyse des Caecuminhalts mittels Gaschromatographie auf kurzkettige Fettsäuren ist in Abb. 76 und 77 dargestellt:

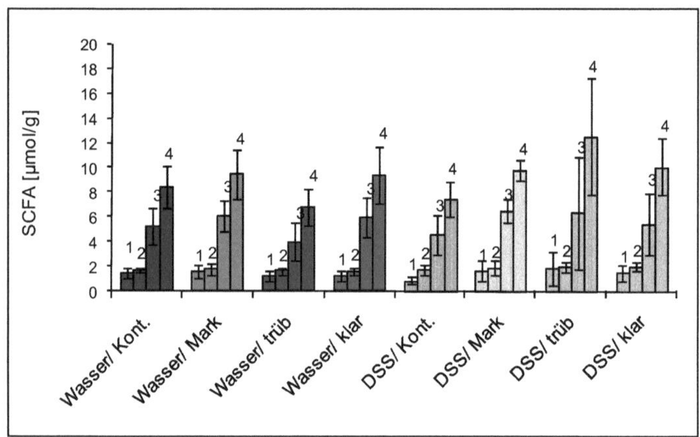

Abb. 76: *Gehalt an SCFA im Caecuminhalt chronische DSS-Kolitis*

1: Acetat, 2: Propionat, 3: Butyrat, 4: Gesamtgehalt an SCFA

^ p≤ 95 %, ^^ p≤99 %, ^^^ p≤ 99,9 %, n=8

**Vergleich der unbehandelten Gruppen, # Vergleich behandelten Gruppen,*

°Vergleich unbehandelte – behandelte Gruppen (gleicher Saft)

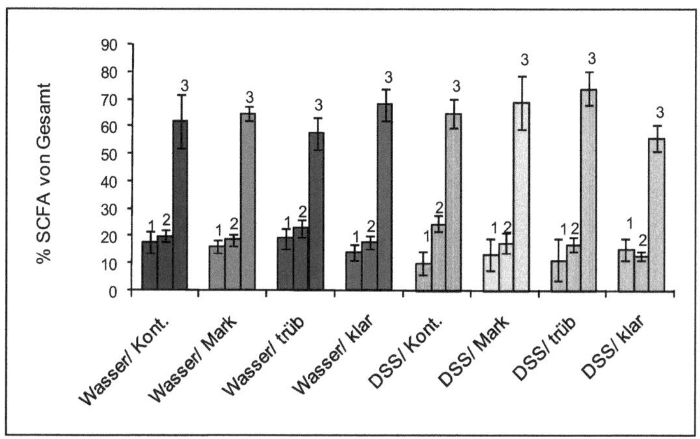

Abb. *77: Prozentualer Anteil an SCFA im Caecuminhalt chronische DSS-Kolitis*

1: Acetat, 2: Propionat, 3: Butyrat

^ p≤ 95 %, ^^ p≤99 %, ^^^ p≤ 99,9 %, n=8

**Vergleich der unbehandelten Gruppen, # Vergleich behandelten Gruppen,*

°Vergleich unbehandelte – behandelte Gruppen (gleicher Saft)

Die Resultate der Analyse des Koloninhalts mittels Gaschromatographie auf kurzkettige Fettsäuren ist in Abb. 78 und 79 dargestellt:

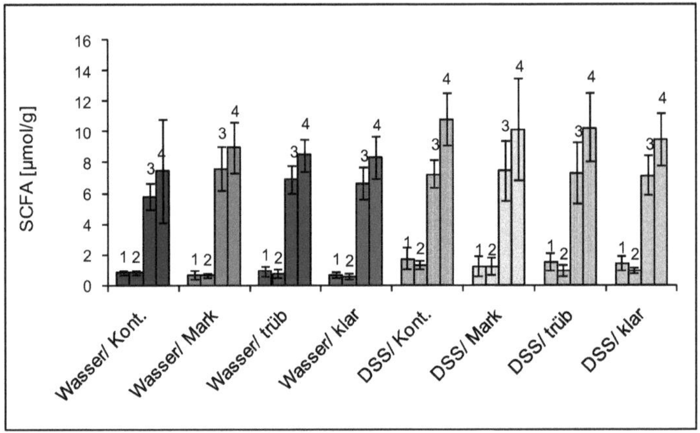

Abb. 78: *Gehalt an SCFA im Koloninhalt chronische DSS-Kolitis*

1: Acetat, 2: Propionat, 3: Butyrat, 4: Gesamtgehalt an SCFA

^ p≤ 95 %, ^^ p≤99 %, ^^^ p≤ 99,9 %, n=8

**Vergleich der unbehandelten Gruppen, # Vergleich behandelten Gruppen,*

°Vergleich unbehandelte – behandelte Gruppen (gleicher Saft)

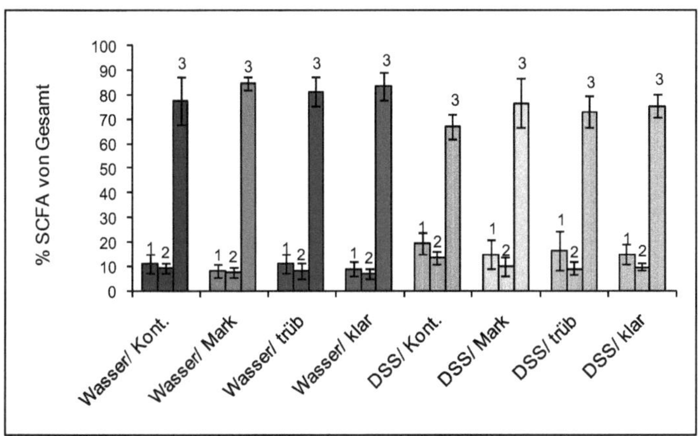

***Abb. 79:** Prozentualer Anteilt an SCFA im Koloninhalt chronische DSS-Kolitis*

1: Acetat, 2: Propionat, 3: Butyrat

^ p≤ 95 %, ^^ p≤99 %, ^^^ p≤ 99,9 %, n=8

**Vergleich der unbehandelten Gruppen, # Vergleich behandelten Gruppen,*

°Vergleich unbehandelte – behandelte Gruppen (gleicher Saft)

Der Gesamtgehalt an SCFA im Kolon und Caecum unterscheidet sich nicht. Das Verhältnis der einzelnen Fettsäuren zueinander ist im Caecum durchschnittlich 15:20:60 (Acetat:Propionat:Butyrat). Im Kolon liegt das Verhältnis bei den Kontrolltieren bei 10:10:80 (Acetat:Propionat:Butyrat), während es bei den mit DSS behandelten Tieren bei 20:10:70 liegt.

Verglichen mit den Kontrolltieren befindet sich im Koloninhalt der mit DSS behandelten Tiere eine größere Menge an SCFA, die auf eine gesteigerte Produktion von Propionat und insbesondere von Acetat zurückzuführen ist.

Der Gehalt an SCFA im Caecum wird weder durch die Behandlung mit DSS noch durch die eingesetzten Säfte beeinflusst.

4.1.3.11 Histologie

Abb. 80 zeigt die Häufigkeit von Kryptenfibrosen in mittels HE gefärbten, histologischen Paraffinschnitten des Kolongewebes. Die Bewertung erfolgte mit Hilfe eines Scores von 0-3 (0 = unauffällig ,1 = schwach, 2 = mittelstark, 3 = stark):

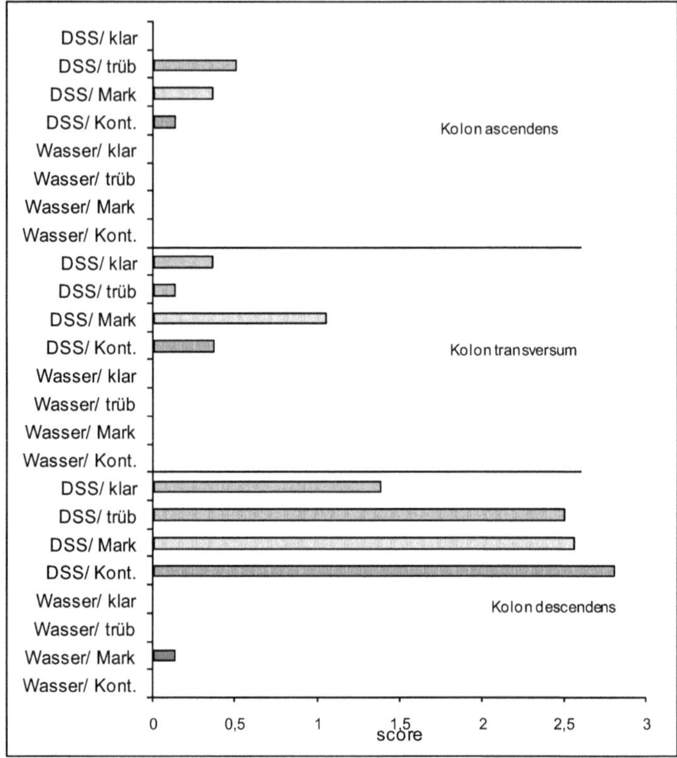

Abb. 80: *Kryptenfibrosen Chronische DSS-Kolitis*

Abb. 81 gibt einen Überblick über das Vorhandensein von Regenerationsgewebe in mittels HE gefärbten, histologischen Paraffinschnitten des Kolongewebes. Die Bewertung erfolgte mit Hilfe eines Scores von 0-3 (0 = unauffällig, 1 = schwach, 2 = mittelstark, 3 = stark):

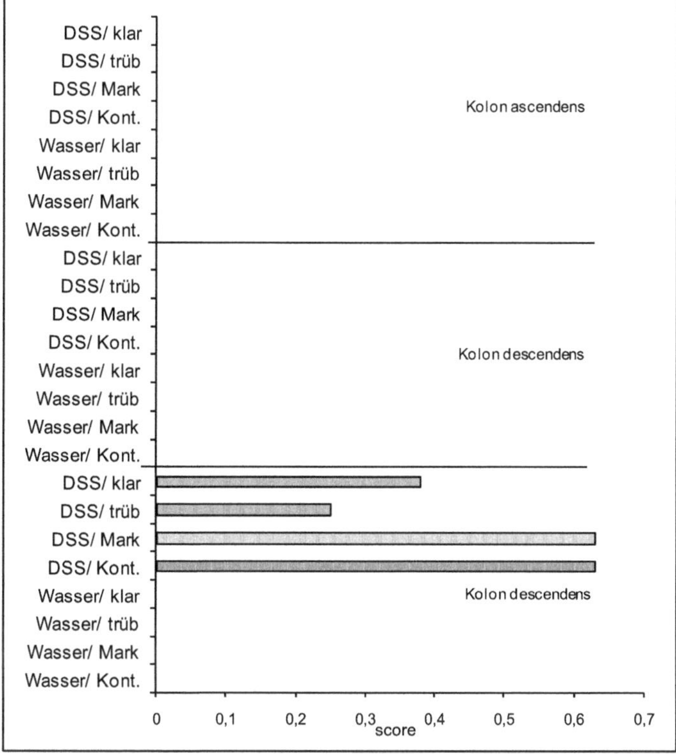

Abb. 81: *Regenerationsgewebe Chronische DSS-Kolitis*

Abb. 82 zeigt die Häufigkeit akuter Entzündungsmerkmale in HE gefärbten, histologischen Paraffinschnitten des Kolongewebes. Die Bewertung erfolgte mit Hilfe eines Scores von 0-3 (0 = unauffällig, 1 = schwach, 2 = mittelstark, 3 = stark):

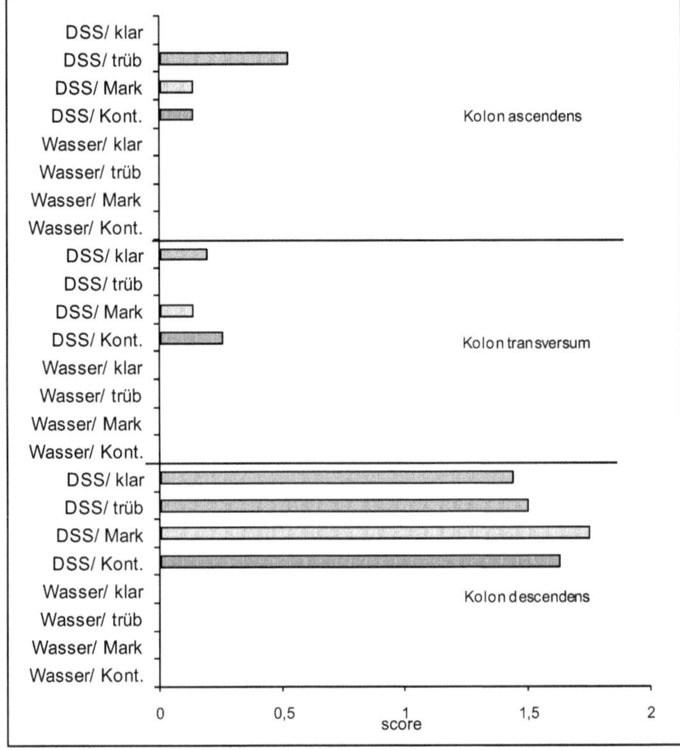

Abb. 82: *Akute Entzündungsmerkmale Chronische DSS-Kolitis*

Abb. 83 gibt einen Überblick über die Häufigkeit von chronischen Entzündungssymptomen in mittels HE gefärbten, histologischen Paraffinschnitten des Kolongewebes. Die Bewertung erfolgte mit Hilfe eines Scores von 0-3 (0 = unauffällig, 1 = schwach, 2 = mittelstark, 3 = stark):

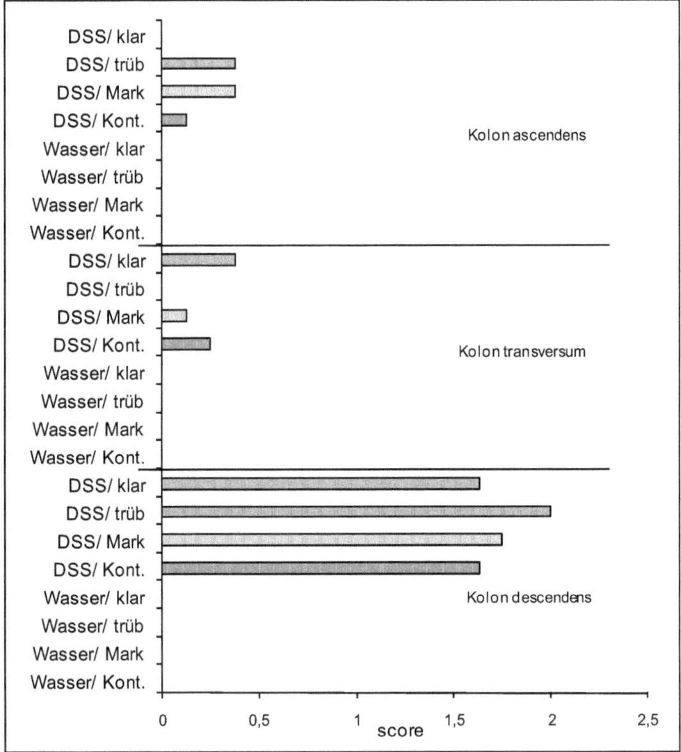

Abb. 83: Chronische Entzündungsmerkmale Chronische DSS-Kolitis

Durch die Behandlung mit DSS kommt es zur Fibrose der Krypten, die im Kolon descendens gegenüber den beiden anderen Kolonabschnitten stark ausgeprägt ist. Die Fibrose der Krypten ist im Fall der Tiere, die klaren Saft getrunken haben schwächer aus als bei den Tieren, die die anderen Säfte konsumiert haben.

Bei den DSS-Behandelten Tieren, die trüben beziehungsweise klaren Apfelsaft getrunken haben kommt es im Kolon descendens zur Bildung von Regenerationsgewebe. Tiere, die trüben beziehungsweise klaren Apfelsaft angeboten bekommen haben reagieren mit einer geringeren Bildung an Regenerationsgewebe.

Merkmale einer akuten und chronischen Entzündung lassen sich nur bei den DSS-Tieren feststellen. Die Merkmale sind im Kolon descendens besonders stark ausgeprägt. Ein Einfluss der verschiedenen Säfte ist nicht zu erkennen.

4.1.4 TNBS-Kolitis

4.1.4.1 Allgemeines

Mit Hilfe der durchgeführten Behandlung war es möglich eine leichte bis starke (Ethanol-Tiere und TNBS-Tiere, die Apfelmark getrunken haben), für die Tiere verkraftbare Entzündung des distalen Kolons zu erreichen. Ab dem ersten Tag nach der TNBS-Behandlung reagierten die Tiere vereinzelt mit leichten rektalen Blutungen und Diarrhöe. Bei der Entnahme der Proben war eine Verletzung der Darmwand der TNBS-Tiere anhand von erweiterten Gefäßen erkennbar. Bei den Tiere, die Apfelmark getrunken haben zeigten sowohl die Ethanol-Tiere als auch die TNBS-Tiere starke Gewebeschäden im Bereich der Applikationsstelle.

Der Zustand des Gewebes bei der Probenentnahme ist in Abb. 84 dargestellt:

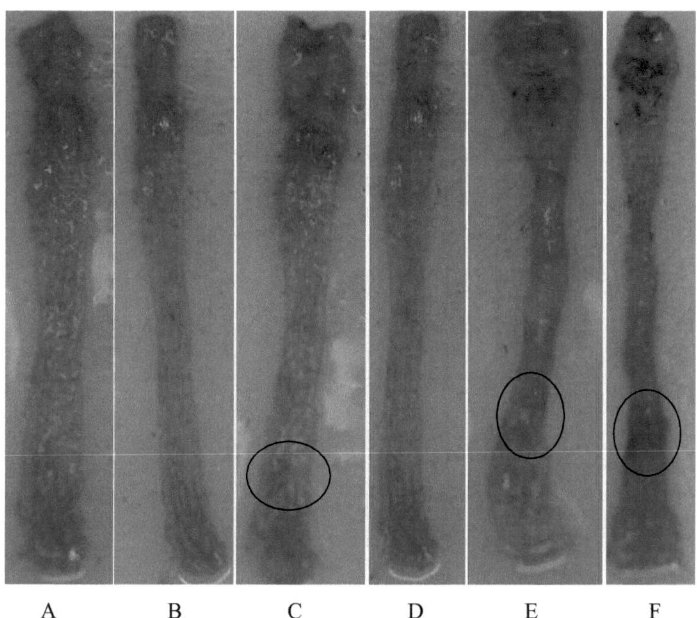

Abb. 84: *Darmgewebe TNBS-Modell*

A: NaCl/Kont., B: EtOH/Kont., C: TNBS/Kont.; D: NaCl/Mark, E: EtOH/Mark, F: TNBS/Mark

4.1.4.2 Körpergewichtszunahme

Die Ergebnisse der Körpergewichtszunahme sind in Abb.85 dargestellt:

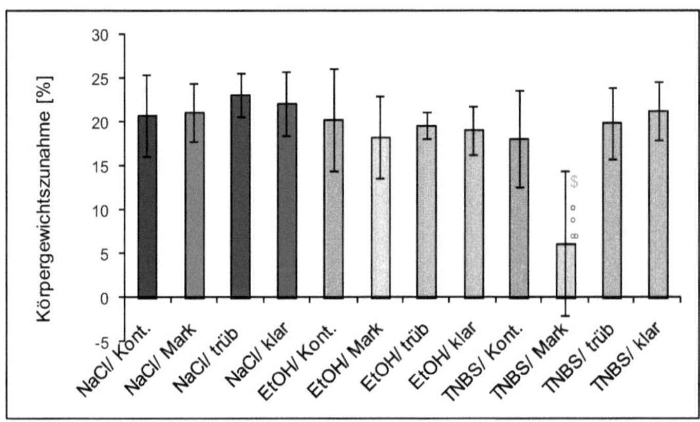

Abb. 85: *Körpergewichtszunahme TNBS-Kolitis*

^ p≤ 95 %, ^^ p≤99 %, ^^^ p≤ 99,9 %, n=6

**Vergleich der NaCl-Gel Gruppen, # Vergleich EtOH-Gel Gruppen, °Vergleich der TNBS-Gel Gruppen, ~Vergleich NaCl-Gel Gruppe – EtOH-Gel Gruppe (gleicher Saft), $ Vergleich EtOH-Gel Gruppe – TNBS-Gel Gruppe (gleicher Saft)*

Die Gabe von EtOH-Gel führt keiner Veränderung der Körpergewichtszunahme. Innerhalb der Kontrollgruppen hat die Art des konsumierten Apfelsafts keinen Einfluss auf die Körpergewichtszunahme. Die Kombination aus TNBS und Apfelmark führt sowohl im Vergleich mit den Apfelmarktieren der anderen Behandlungsgruppen als auch im Vergleich mit den TNBS-Tieren, die die anderen Säfte konsumiert haben zu einem geringeren Anstieg der Körpergewichtszunahme.

4.1.4.3 Quotient aus Kolongewicht und Kolonlänge

Diagramm 86 gibt die Ergebnisse wieder, die bei der Bestimmung des Quotienten aus Kolongewicht und Kolonlänge erhalten werden:

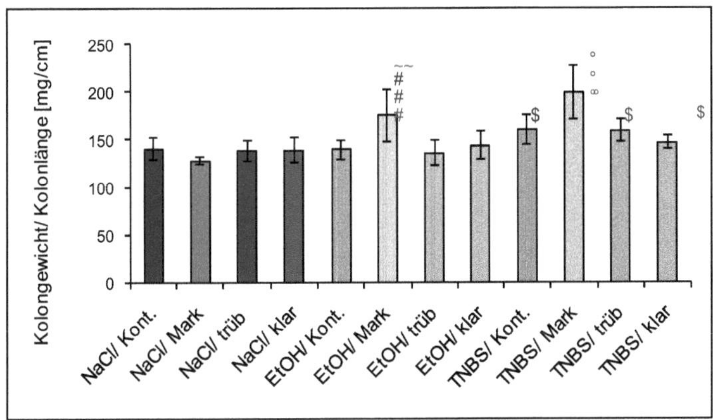

Abb. 86: *Quotient aus Kolongewicht und Kolonlänge TNBS-Kolitis*

^ p≤ 95 %, ^^ p≤99 %, ^^^ p≤ 99,9 %, n=6

**Vergleich der NaCl-Gel Gruppen, # Vergleich EtOH-Gel Gruppen, °Vergleich der TNBS-Gel Gruppen, ~Vergleich NaCl-Gel Gruppe – EtOH-Gel Gruppe (gleicher Saft), $ Vergleich EtOH-Gel Gruppe – TNBS-Gel Gruppe (gleicher Saft)*

Die verschieden Apfelsäfte haben bei den NaCl-Tieren keinen Einfluss auf den Quotienten aus Kolongewicht und Kolonlänge. Die Verabreichung von EtOH-Gel führt bei den Tieren die Apfelmark getrunken haben im Vergleich mit den NaCl-Tieren zu einer Erhöhung des Quotienten aus Kolongewicht und Kolonlänge. Auch im Vergleich mit den anderen EtOH-Tieren zeigen die Tiere, die Apfelmark getrunken haben einen höheren Quotienten aus Kolongewicht und Kolonlänge. Durch die Gabe von TNBS wird der Quotient aus Kolongewicht und Kolonlänge bei den Tieren, die Kontrollsaft, Apfelmark und trüben Apfelsaft getrunken haben erhöht. Im Vergleich mit den anderen TNBS-Tieren zeigen die Tiere der Apfelmarkgruppe einen höheren Quotienten aus Kolongewicht und Kolonlänge.

4.1.4.4 Okkultes Blut

Der Test auf okkultes Blut in den Faeces (Haemokkult) führt zu dem in Abb. 87 gezeigten Resultat. Die Bewertung erfolgte mit Hilfe eines Scores von 0-2 (0 = unauffällig ,1 = schwach, 2 = stark):

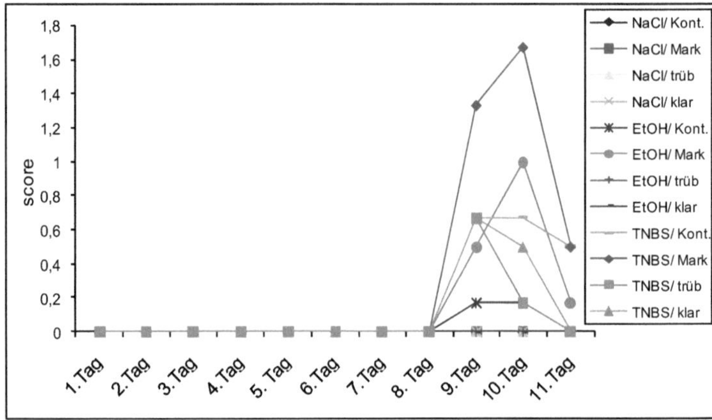

Abb. 87: *Okkultes Blut TNBS-Kolitis*

^ p≤ 95 %, ^^ p≤99 %, ^^^ p≤ 99,9 %, n=6

**Vergleich der NaCl-Gel Gruppen, # Vergleich EtOH-Gel Gruppen, °Vergleich der TNBS-Gel Gruppen, ~Vergleich NaCl-Gel Gruppe – EtOH-Gel Gruppe (gleicher Saft), $ Vergleich EtOH-Gel Gruppe – TNBS-Gel Gruppe (gleicher Saft)*

Durch die Verabreichung von TNBS kommt es zu rektalen Blutungen, die bei den Tieren die Apfelmark getrunken haben am stärksten ausgeprägt sind. Bei den Kontrollgruppen kommt es nur bei den EtOH-Tieren die Apfelmark getrunken haben zu rektalen Blutungen.

4.1.4.5 Leukozytenzahlen

Abb. 88 gibt Auskunft über die im Vollblut gezählte Anzahl an Leukozyten:

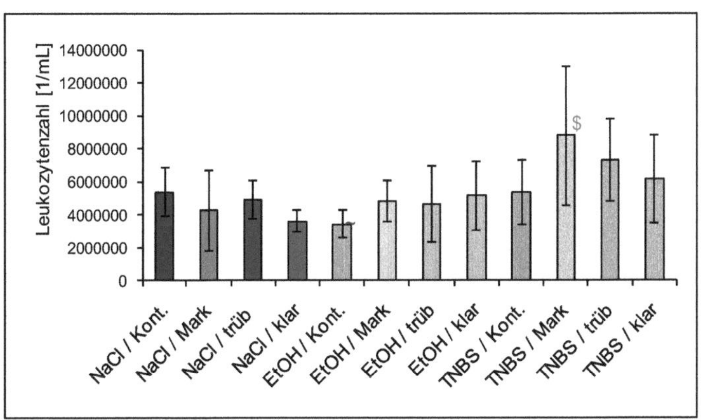

Abb. 88: *Leukozytenzahl TNBS-Kolitis*

^ p≤ 95 %, ^^ p≤99 %, ^^^ p≤ 99,9 %, n=6

**Vergleich der NaCl-Gel Gruppen, # Vergleich EtOH-Gel Gruppen, °Vergleich der TNBS-Gel Gruppen, ~Vergleich NaCl-Gel Gruppe – EtOH-Gel Gruppe (gleicher Saft), $ Vergleich EtOH-Gel Gruppe – TNBS-Gel Gruppe (gleicher Saft)*

In Diagramm 89 ist die Anzahl der im nach Pappenheim gefärbten Blutausstrich gezählten Lymphozyten dargestellt:

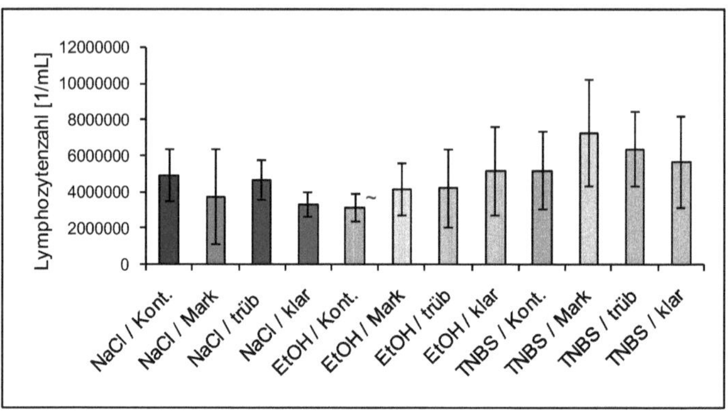

Abb. 89: *Lymphozytenzahl TNBS-Kolitis*

^ p≤ 95 %, ^^ p≤99 %, ^^^ p≤ 99,9 %, n=6

**Vergleich der NaCl-Gel Gruppen, # Vergleich EtOH-Gel Gruppen, °Vergleich der TNBS-Gel Gruppen, ~Vergleich NaCl-Gel Gruppe – EtOH-Gel Gruppe (gleicher Saft), $ Vergleich EtOH-Gel Gruppe – TNBS-Gel Gruppe (gleicher Saft)*

Die Anzahl der im nach Pappenheim gefärbten Blutausstrich gezählten Neutrophilen ist in Abb. 90 dargestellt:

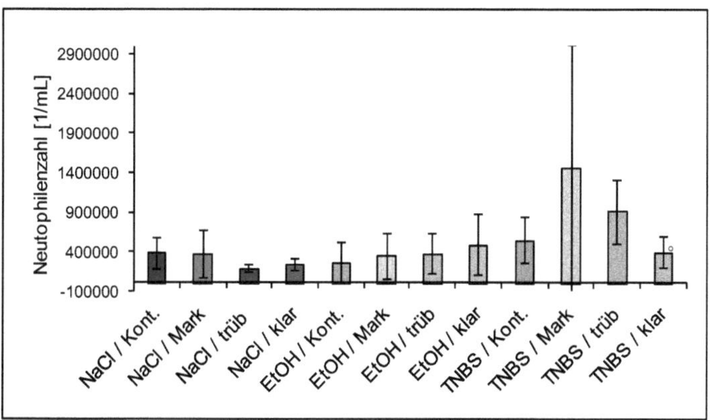

Abb. 90: *Neutrophilenzahl TNBS-Kolitis*

^ p≤ 95 %, ^^ p≤99 %, ^^^ p≤ 99,9 %, n=6

**Vergleich der NaCl-Gel Gruppen, # Vergleich EtOH-Gel Gruppen, °Vergleich der TNBS-Gel Gruppen, ~Vergleich NaCl-Gel Gruppe – EtOH-Gel Gruppe (gleicher Saft), $ Vergleich EtOH-Gel Gruppe – TNBS-Gel Gruppe (gleicher Saft)*

Die Gesamtleukozytenzahl der Kontrollgruppen wird durch die verschiedenen Apfelsäfte nicht beeinflusst. Bei den TNBS-Tieren kommt es nur im Fall von Apfelmarkkonsum zu einer Erhöhung der Gesamtleukozytenzahl.

Die Anzahl der Lymphozyten wird weder durch die Art der Behandlung noch durch die Verschiedenen Apfelsäfte beeinflusst.

Die Neutrophilenzahl der Kontrollgruppen wird durch die verschiedenen Apfelsäfte nicht beeinflusst. Bei den TNBS-Tieren kommt es bei den Tieren die trüben Apfelsaft und Apfelmark getrunken haben zu einer Erhöhung der Neutrophilenzahl, diese ist jedoch nur im Fall von Apfelmarkkonsum signifikant.

4.1.4.7 Myeloperoxidaseaktivität

In Schaubild 91 ist die mittels enzymatischer Umsetzung von o-Dianisidin bestimmte Aktivität des neutrophileneigenen Enzyms Myeloperoxidaseaktivität des Kolongewebes dargestellt:

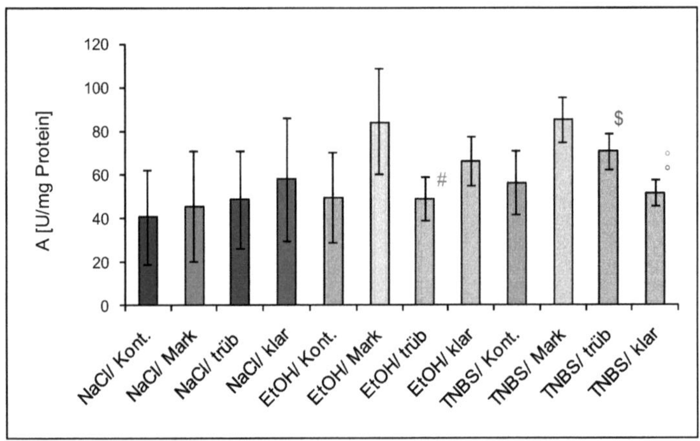

Abb. 91: *Myeloperoxidaseaktivität TNBS-Kolitis*

^ p≤ 95 %, ^^ p≤99 %, ^^^ p≤ 99,9 %, n=6

**Vergleich der NaCl-Gel Gruppen, # Vergleich EtOH-Gel Gruppen, °Vergleich der TNBS-Gel Gruppen, ~Vergleich NaCl-Gel Gruppe – EtOH-Gel Gruppe (gleicher Saft), $ Vergleich EtOH-Gel Gruppe – TNBS-Gel Gruppe (gleicher Saft)*

Innerhalb der NaCl-Gruppen zeigt die Art des konsumierten Apfelsafts keinen Einfluss auf die Myeloperoxidaseaktivität. Durch die Verabreichung von EtOH-Gel erhöht sich die Myeloperoxidaseaktivität der Tiere, die Apfelmark getrunken haben. Die Behandlung mit TNBS führt bei den Tieren, die trüben Apfelsaft beziehungsweise Apfelmark getrunken haben zu einer erhöhten Aktivität der Myeloperoxidase.

4.1.4.8 Tumornekrosefaktor α

Abb. 92 zeigt die mittels Western Blot bestimmten TNF-α Expression im Kolongewebe. Die 26 kDa Bande stellt die glykosylierte Form des Proteins dar (siehe Kapitel 2.2.1):

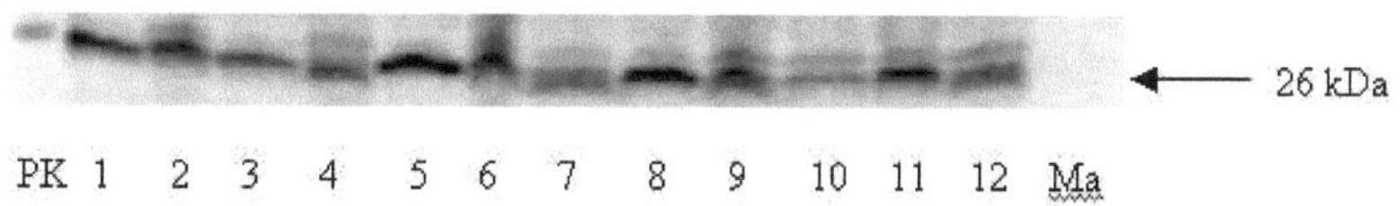

PK: Positivkontrolle; 1: NaCl/Kontrollsaft; 2: NaCl/Apfelmark; 3: NaCl/trüber Apfelsaft; 4: NaCl/klarer Apfelsaft; 5: EtOH/Kontrollsaft; 6: EtOH/Apfelmark; 7: EtOH/trüber Apfelsaft; 8: EtOH/klarer Apfelsaft; 9: TNBS/Kontrollsaft; 10: TNBS/Apfelmark; 11: TNBS/trüber Apfelsaft; 12: TNBS/klarer Apfelsaft; Ma: Marker

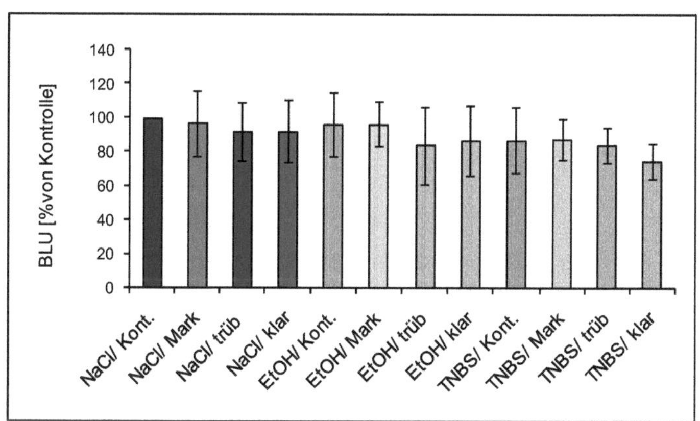

Abb. 92: *TNF-α Expression im Kolongewebe TNBS-Kolitis*

^ p≤ 95 %, ^^ p≤99 %, ^^^ p≤ 99,9 %, n=6

**Vergleich der NaCl-Gel Gruppen, # Vergleich EtOH-Gel Gruppen, °Vergleich der TNBS-Gel Gruppen, ~Vergleich NaCl-Gel Gruppe – EtOH-Gel Gruppe (gleicher Saft), $ Vergleich EtOH-Gel Gruppe – TNBS-Gel Gruppe (gleicher Saft)*

Der mittels Western Blot bestimmte Gehalt an TNF-α im Milzgewebe ist in Diagramm 93 dargestellt. Die 26 kDa Bande stellt die glykosylierte Form des Proteins dar (siehe Kapitel 2.2.1):

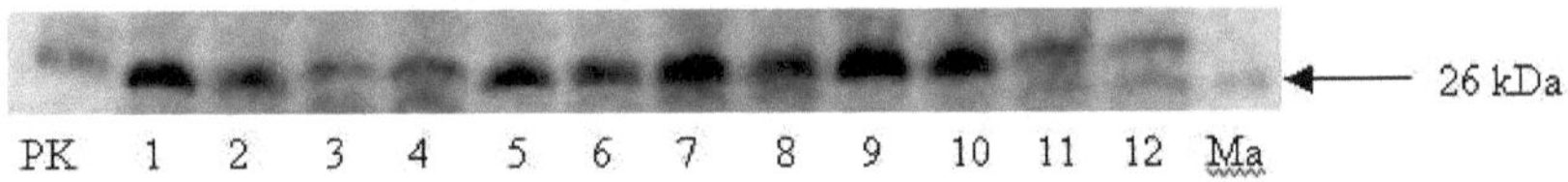

PK: Positivkontrolle; 1: NaCl/Kontrollsaft; 2: NaCl/Apfelmark; 3: NaCl/trüber Apfelsaft; 4: NaCl/klarer Apfelsaft; 5: EtOH/Kontrollsaft; 6: EtOH/Apfelmark; 7: EtOH/trüber Apfelsaft; 8: EtOH/klarer Apfelsaft; 9: TNBS/Kontrollsaft; 10: TNBS/Apfelmark; 11: TNBS/trüber Apfelsaft; 12: TNBS/klarer Apfelsaft; Ma: Marker

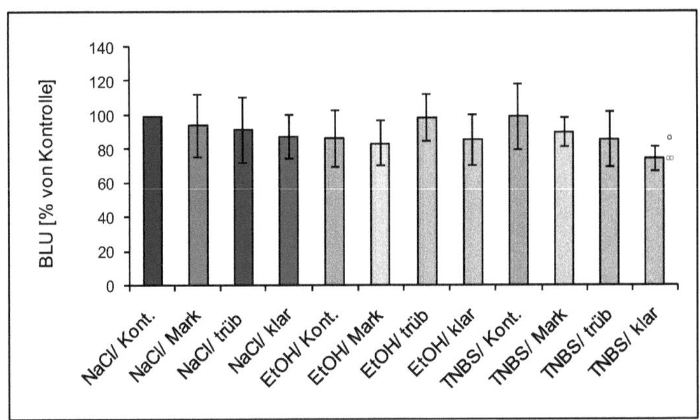

Abb. 93: *Expression von TNF-α in der Milz TNBS-Kolitis*

^ p≤ 95 %, ^^ p≤99 %, ^^^ p≤ 99,9 %, n=6

**Vergleich der NaCl-Gel Gruppen, # Vergleich EtOH-Gel Gruppen, °Vergleich der TNBS-Gel Gruppen, ~Vergleich NaCl-Gel Gruppe – EtOH-Gel Gruppe (gleicher Saft), $ Vergleich EtOH-Gel Gruppe – TNBS-Gel Gruppe (gleicher Saft)*

In Abb. 94 ist die mittel RT-RTQ-PCR bestimmte TNF-α Transkription des Kolongewebes dargestellt:

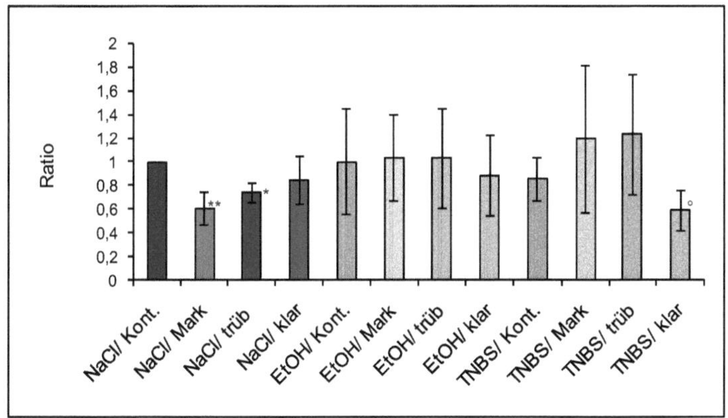

Abb. 94: *Transkription von TNF-α im Kolongewebe TNBS-Kolitis*

^ p≤ 95 %, ^^ p≤99 %, ^^^ p≤ 99,9 %, n=6

**Vergleich der NaCl-Gel Gruppen, # Vergleich EtOH-Gel Gruppen, °Vergleich der TNBS-Gel Gruppen, ~Vergleich NaCl-Gel Gruppe – EtOH-Gel Gruppe (gleicher Saft), $ Vergleich EtOH-Gel Gruppe – TNBS-Gel Gruppe (gleicher Saft)*

Weder die Behandlungsart noch der konsumierte Saft haben einen Einfluss auf die TNF-α Expression im Kolon- und Milzgewebe.

Der Konsum von Apfelmark und trübem Apfelsaft führt bei den NaCl-Tieren zu einer Reduktion der TNF-α Transkription im Kolongewebe. Durch die Verabreichung von EtOH-Gel wird der TNF-α Gehalt nicht verändert. Durch die Verabreichung von TNBS-Gel in Kobination mit Apfelmark oder trübem Apfelmark kommt es tendenziell zu einer Steigerung der TNF-α Transkription

4.1.4.9 Inducible protein 10

Abb. 95 die mittels Western Blot bestimmte Expression an Ip-10 im Kolongewebe. Die 20 kDa Bande stellt die glykosylierte Form des Proteins dar (siehe Kapitel 2.2.2):

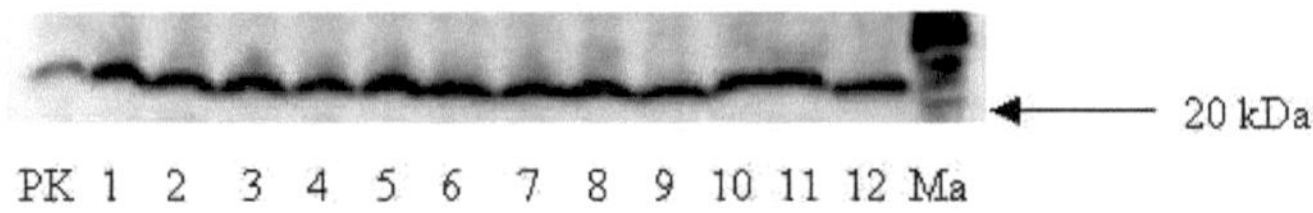

PK: Positivkontrolle; 1: NaCl/Kontrollsaft; 2: NaCl/Apfelmark; 3: NaCl/trüber Apfelsaft; 4: NaCl/klarer Apfelsaft; 5: EtOH/Kontrollsaft; 6: EtOH/Apfelmark; 7: EtOH/trüber Apfelsaft; 8: EtOH/klarer Apfelsaft; 9: TNBS/Kontrollsaft; 10: TNBS/Apfelmark; 11: TNBS/trüber Apfelsaft; 12: TNBS/klarer Apfelsaft; Ma: Marker

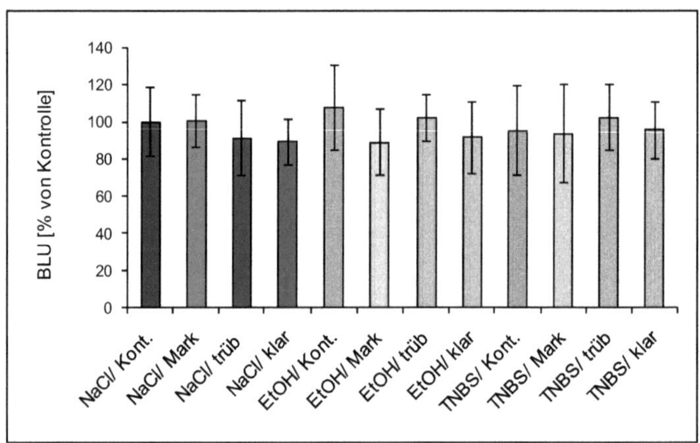

Abb. 95: *Expression von Ip-10 im Kolongewebe TNBS-Kolitis*

^ p≤ 95 %, ^^ p≤99 %, ^^^ p≤ 99,9 %, n=6

**Vergleich der NaCl-Gel Gruppen, # Vergleich EtOH-Gel Gruppen, °Vergleich der TNBS-Gel Gruppen, ~Vergleich NaCl-Gel Gruppe – EtOH-Gel Gruppe (gleicher Saft), $ Vergleich EtOH-Gel Gruppe – TNBS-Gel Gruppe (gleicher Saft)*

Die mittels Western Blot bestimmte Expression an Ip-10 im Milzgewebe ist in Diagramm 96 dargestellt. Die 20 kDa Bande stellt die glykosylierte Form des Proteins dar (siehe Kapitel 2.2.2):

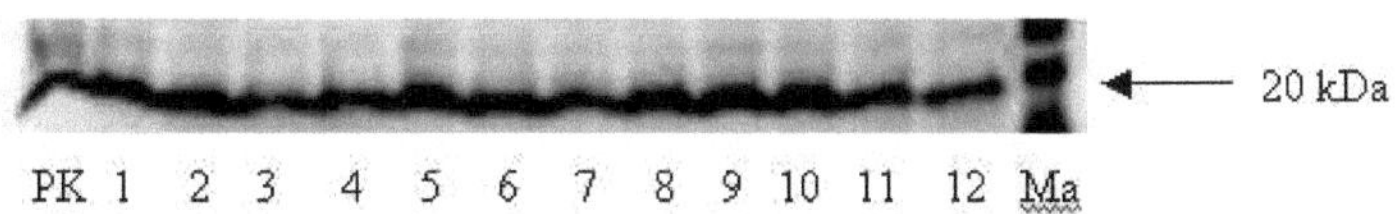

PK: Positivkontrolle; 1: NaCl/Kontrollsaft; 2: NaCl/Apfelmark; 3: NaCl/trüber Apfelsaft; 4: NaCl/klarer Apfelsaft; 5: EtOH/Kontrollsaft; 6: EtOH/Apfelmark; 7: EtOH/trüber Apfelsaft; 8: EtOH/klarer Apfelsaft; 9: TNBS/Kontrollsaft; 10: TNBS/Apfelmark; 11: TNBS/trüber Apfelsaft; 12: TNBS/klarer Apfelsaft; Ma: Marker

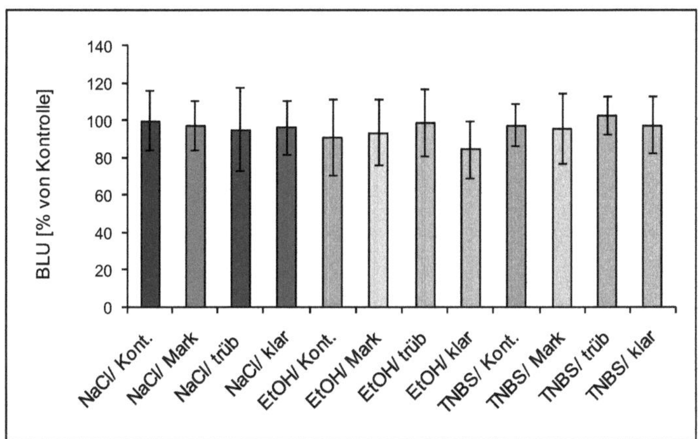

Abb. 96: *Expression von Ip-10 in der Milz TNBS-Kolitis*

^ p≤ 95 %, ^^ p≤99 %, ^^^ p≤ 99,9 %, n=6

**Vergleich der NaCl-Gel Gruppen, # Vergleich EtOH-Gel Gruppen, °Vergleich der TNBS-Gel Gruppen, ~Vergleich NaCl-Gel Gruppe – EtOH-Gel Gruppe (gleicher Saft), $ Vergleich EtOH-Gel Gruppe – TNBS-Gel Gruppe (gleicher Saft)*

Die bei der Untersuchung der Ip-10 Expression erhaltenen Ergebnisse stimmen mit denen bei der Bestimmung des TNF-α Gehalts auf Proteinebene erhaltenen überein. Weder die Behandlungsart noch der konsumierte Saft haben einen Einfluss auf die TNF-α Expression im Kolon- und Milzgewebe.

4.1.4.10 Transforming growth factor β1

In Abb. 97 ist der mittels ELISA ermittelte TGF-β1 Gehalt im Kolongewebe dargestellt:

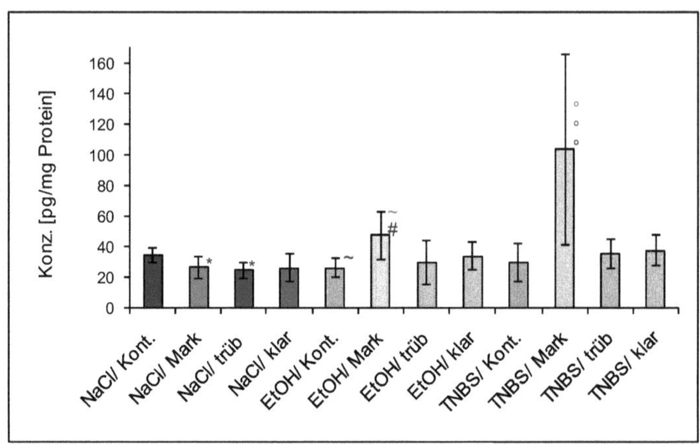

Abb. 97: *TGF-β1 Gehalt TNBS-Kolitis*

^ p≤ 95 %, ^^ p≤99 %, ^^^ p≤ 99,9 %, n=6

**Vergleich der NaCl-Gel Gruppen, # Vergleich EtOH-Gel Gruppen, °Vergleich der TNBS-Gel Gruppen, ~Vergleich NaCl-Gel Gruppe – EtOH-Gel Gruppe (gleicher Saft), $ Vergleich EtOH-Gel Gruppe – TNBS-Gel Gruppe (gleicher Saft)*

Durch den Konsum von Apfelmark und trübem Apfelsaft kommt es bei den NaCl-Tieren zu einer Reduktion des TGF-β1 Gehalts. Durch die Verabreichung des EtOH-Gels kommt es bei den Tieren, die Apfelmark getrunken haben zu einem Anstieg des TGF-β1 Gehalts. Durch Behandlung mit TNBS steigt der TGF-β1 Gehalt der Apfelmarktiere weiter an. Die TNBS-Tiere, die Apfelmark getrunken haben zeigen im Vergleich zu den anderen mit TNBS behandelten Tieren einen höheren Gehalt an TGF-β1.

4.1.4.11 Kurzkettige Fettsäuren

Die Ergebnisse der Analyse des Caecuminhalts mittels Gaschromatographie auf kurzkettige Fettsäuren ist in Abb. 98 und 99 dargestellt:

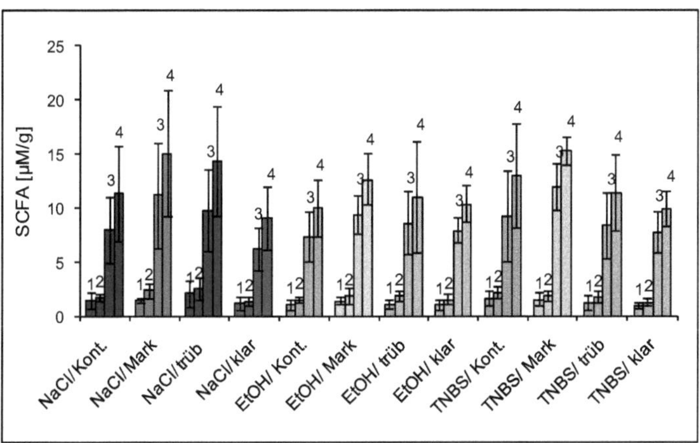

Abb. 98: *Gehalt an SCFA im Caecuminhalt TNBS-Kolitis*

1: Acetat, 2: Propionat, 3: Butyrat, 4: Gesamtgehalt an SCFA

^ p≤ 95 %, ^^ p≤99 %, ^^^ p≤ 99,9 %, n=8

**Vergleich der unbehandelten Gruppen, # Vergleich behandelten Gruppen,*

°Vergleich unbehandelte – behandelte Gruppen (gleicher Saft)

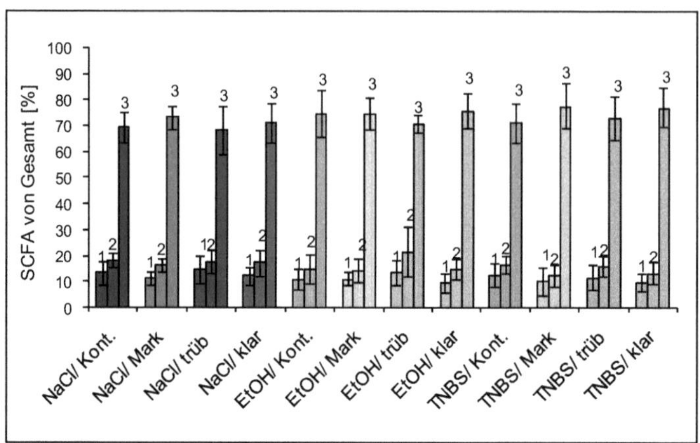

Abb. 99: *Prozentualer Anteilt an SCFA im Caecuminhalt TNBS-Kolitis*

1: Acetat, 2: Propionat, 3: Butyrat

^ p≤ 95 %, ^^ p≤99 %, ^^^ p≤ 99,9 %, n=8

**Vergleich der unbehandelten Gruppen, # Vergleich behandelten Gruppen,*

°Vergleich unbehandelte – behandelte Gruppen (gleicher Saft)

Die Resultate der Analyse des Koloninhalts mittels Gaschromatographie auf kurzkettige Fettsäuren ist in Abb. 100 und 101 dargestellt:

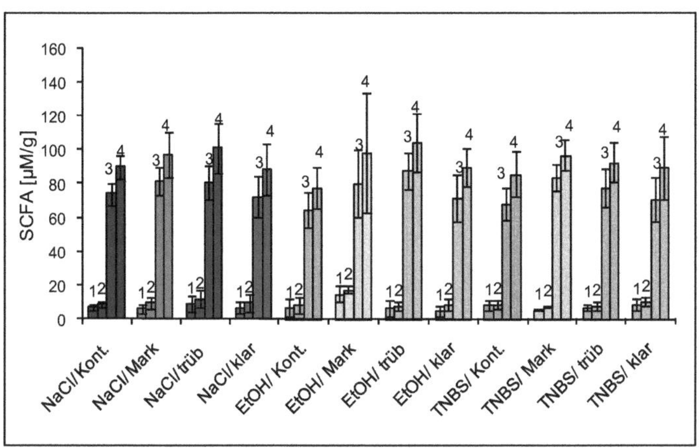

***Abb. 100:** Gehalt an SCFA im Koloninhalt TNBS-Kolitis*

1: Acetat, 2: Propionat, 3: Butyrat, 4: Gesamtgehalt an SCFA

^ p≤ 95 %, ^^ p≤99 %, ^^^ p≤ 99,9 %, n=8

**Vergleich der unbehandelten Gruppen, # Vergleich behandelten Gruppen,*

°Vergleich unbehandelte – behandelte Gruppen (gleicher Saft)

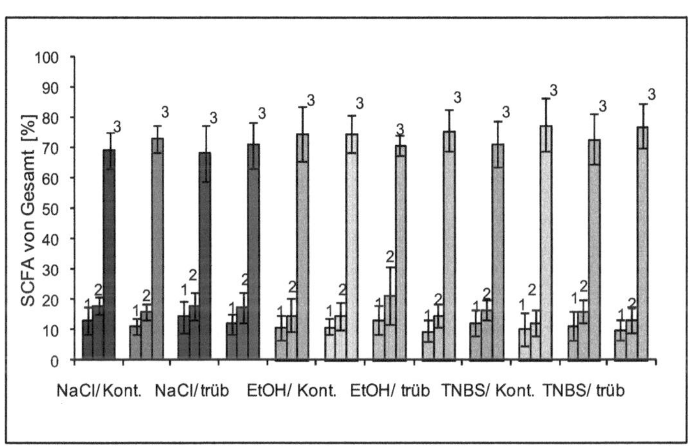

***Abb. 101:** Prozentualer Anteilt an SCFA im Koloninhalt TNBS-Kolitis*

1: Acetat, 2: Propionat, 3: Butyrat

^ p≤ 95 %, ^^ p≤99 %, ^^^ p≤ 99,9 %, n=8

**Vergleich der unbehandelten Gruppen, # Vergleich behandelten Gruppen,*

°Vergleich unbehandelte – behandelte Gruppen (gleicher Saft)

Der Gesamtgehalt an SCFA im Caecum und Kolon steigt bei den NaCl-Tieren, die Apfelmark und trüben Apfelsaft getrunken haben an, was auf die Steigerung der Butyratmenge bei den betroffenen Tieren zurückzuführen ist. Die Art der Behandlung hat keinen Einfluss auf die Menge der einzelnen SCFA im Kolon und Caecum.
Im Koloninhalt befinden sich durchschnittlich ungefähr 100 µMol/g Faeces mehr SCFA als im Caecum.
Das Verhältnis der einzelnen SCFA zueinander ist mit ungefähr 10:15:70 im Kolon und Caecum gleich und lässt sich weder durch die Behandlungsart noch durch die unterschiedlichen Apfelsäfte verändern.

4.1.4.12 Histologie

Abb. 102 zeigt die Häufigkeit von Kryptenfibrosen in mittels HE gefärbten, histologischen Paraffinschnitten des Kolongewebes Die Bewertung erfolgte mit Hilfe eines Scores von 0-3 (0 = unauffällig, 1 = schwach, 2 = mittelstark, 3 = stark):

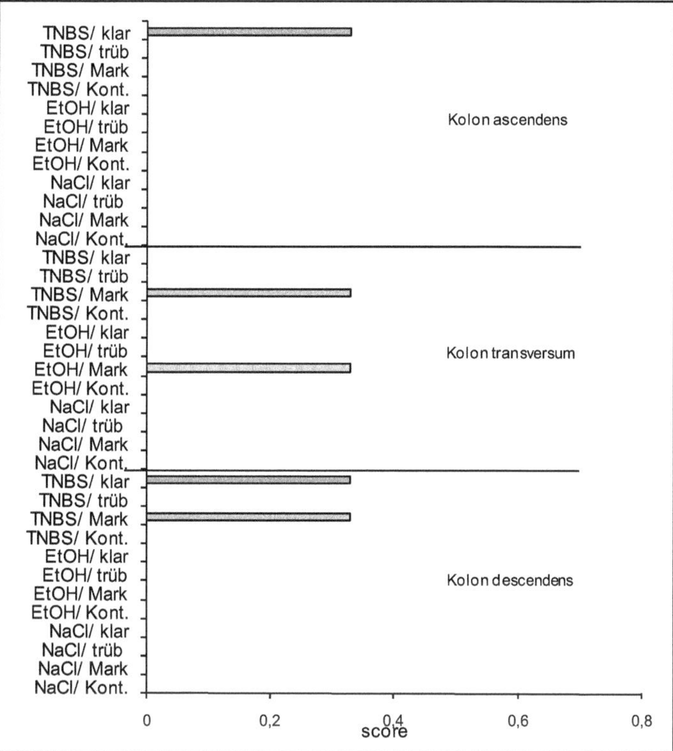

Abb. 102: *Kryptenfibrosen TNBS-Kolitis*

Abb. 103 gibt einen Überblick über das Vorhandensein von Entzündungsmerkmalen in mittels HE gefärbten, histologischen Paraffinschnitten des Kolongewebes. Die Bewertung erfolgte mit Hilfe eines Scores von 0-3 (0 = unauffällig, 1 = schwach, 2 = mittelstark, 3 = stark):

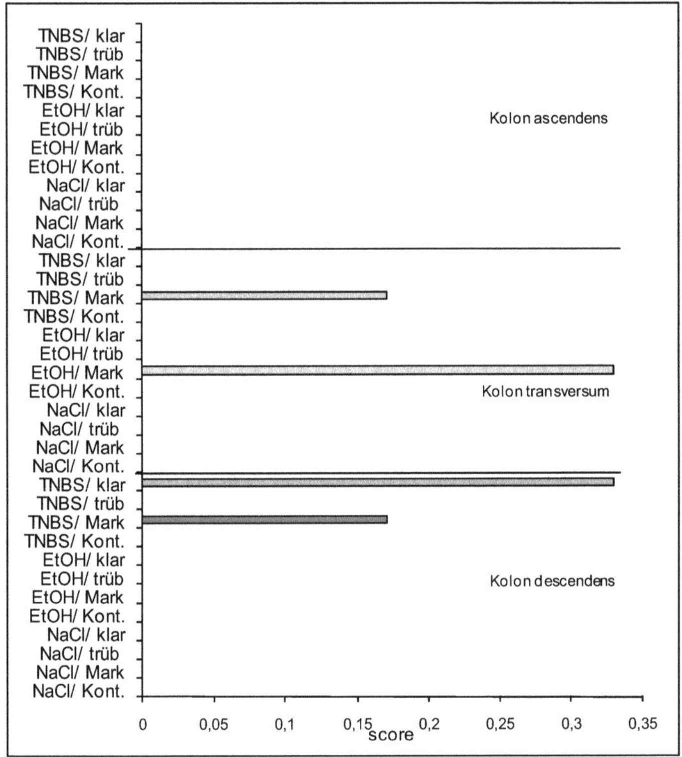

Abb. 103: *Entzündungsmerkmale TNBS-Kolitis*

Abb. 104 zeigt die Häufigkeit von Ulcerationen in mittels HE gefärbten, histologischen Paraffinschnitten des Kolongewebes. Die Bewertung erfolgte mit Hilfe eines Scores von 0-3 (0 = unauffällig, 1 = schwach, 2 = mittelstark, 3 = stark):

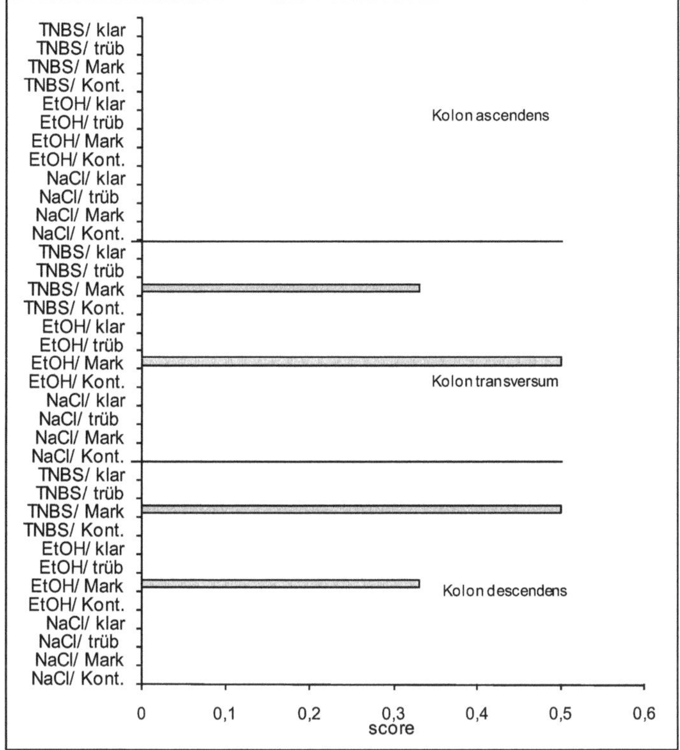

Abb. 104: *Ulcerationen TNBS-Kolitis*

Alle histologisch betrachteten Parameter zeigen, dass die Entzündung im distalen Bereich lokalisiert ist in den auch das entsprechende Gel verabreicht wurde. Alle im Rahmen der histologischen Untersuchung betrachteten Parameter bringen zum Ausdruck, dass bereits durch das ethanolhaltige Gel in Kombination mit dem Konsum von Apfelmark eine Entzündung des Kolons ausgelöst wird. Der Konsum von Apfelmark in Kombination mit der Verabreichung eines TNBS haltigen Gels führt ebenfalls zu einer Entzündung im distalen Bereich des Kolons. Dieser Effekt tritt, wenn auch schwächer ausgeprägt ebenso bei Verabreichung eines TNBS haltigen Gels in Kombination mit dem Konsum von klarem Apfelsaft auf.

4.2 *In Vitro* Versuch

4.2.1 Tumornekrosefaktor α

Abb. 105 zeigt den mittels ELISA bestimmten TNF-α Gehalt im Mediumüberstand der Mono Mac 6 Zellen:

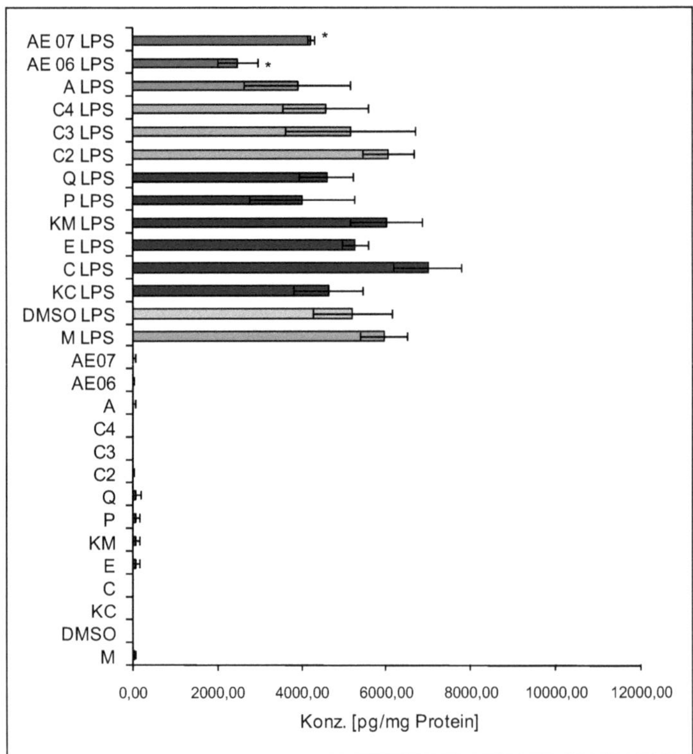

Abb. 105: *TNF-α Gehalt mittels ELISA im Mediumüberstand in vitro Modell*

^ p≤ 95 %, ^^ p≤99 %, ^^^ p≤ 99,9 %, n=3

**Vergleich der unstimulierten Gruppen, # Vergleich der stimulierten Gruppen*

M: Medium, DMSO: Dimethylsulfoxid; KC: Kaffeeoylchinasäure (Chlorogensäure), P: Phloretin, Q: Quercitin; C2: Acetat, C3: Propionat, C4: Butyrat, Alle vorher genannten, AE06: Apfelsaftextrakt 2006, AE07: Apfelsaftextrakt 2007; LPS: Lipopolysaccarid

Da die TNF-α Gehalte der unstimulierten Zellen an der Nachweisgrenze lagen wurde mit diesen ein Western Blot durchgeführt. Das Ergebnis ist in Diagramm 106 dargestellt. Die 26 kDa Bande stellt die glykosylierte Form des Proteins dar (siehe Kapitel 2.2.1):

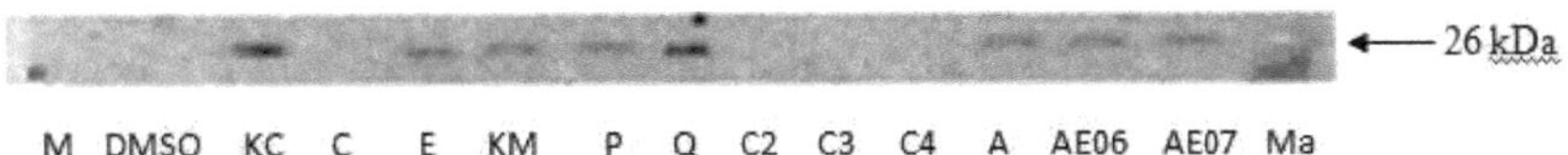

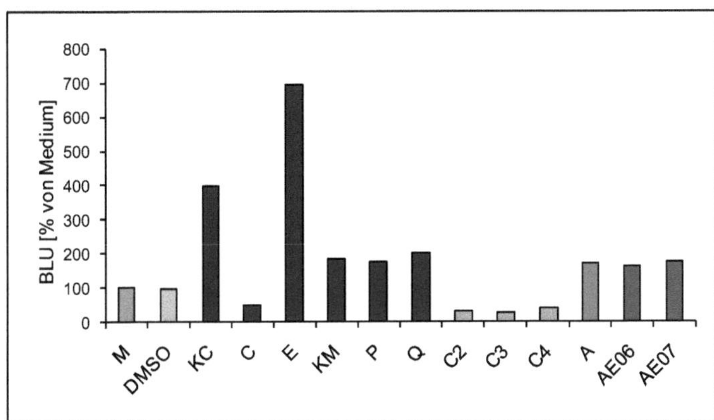

Abb. 106: *TNF-α Western Blot Mediumüberstand in vitro Modell*

n=3

M: Medium, DMSO: Dimethylsulfoxid; KC: Kaffeeoylchinasäure (Chlorogensäure), P: Phloretin, Q: Quercitin; C2: Acetat, C3: Propionat, C4: Butyrat, Alle vorher genannten, AE06: Apfelsaftextrakt 2006, AE07: Apfelsaftextrakt 2007; Ma: Marker

Abb. 107 zeigt die mittels RT-RTQ-PCR ermittelte TNF-α Transkription der Mono Mac 6 Zellen:

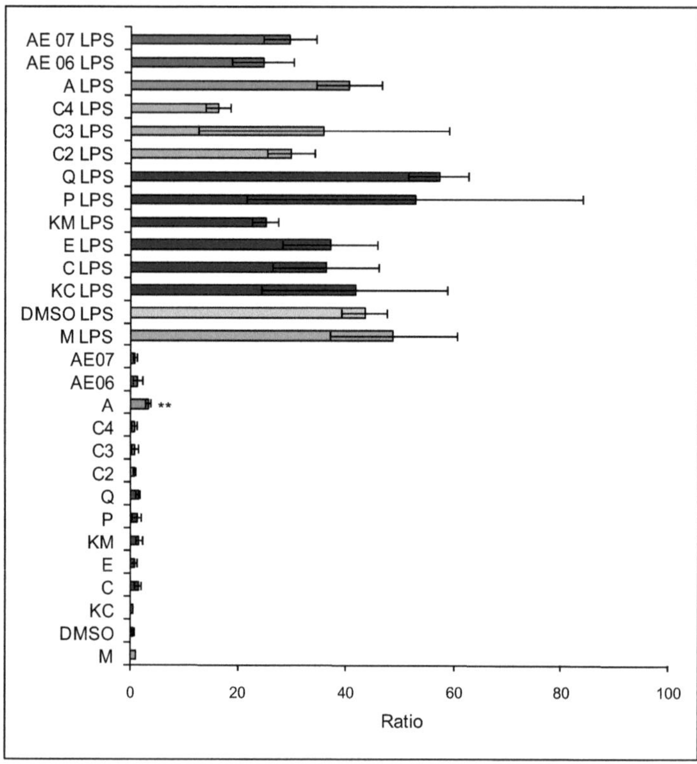

Abb. 107: *TNF-α Transkription in vitro Modell*

^ p≤ 95 %, ^^ p≤99 %, ^^^ p≤ 99,9 %, n=3

**Vergleich der unstimulierten Gruppen, # Vergleich der stimulierten Gruppen*

M: Medium, DMSO: Dimethylsulfoxid; KC: Kaffeeoylchinasäure (Chlorogensäure), P: Phloretin, Q: Quercitin; C2: Acetat, C3: Propionat, C4: Butyrat, Alle vorher genannten, AE06: Apfelsaftextrakt 2006, AE07: Apfelsaftextrakt 2007; LPS: Lipopolysaccarid

Ohne Stimulation mit LPS ist liegt der TNF-α Gehalt des Mediumüberstands unter beziehungsweise für die Inkubationen mit den phenolischen Inhaltsstoffe des Apfelsafts an der Nachweisgrenze. Durch Stimulation mit LPS kommt es zu einer vermehrten Freisetzung von TNF-α ins Kulturmedium. Verglichen mit der mit LPS stimulierten Mediumkontrolle ist die Sezernierung von TNF-α ins Medium bei den Zellen, die mit LPS und Apfelsaftextrakt 06 inkubiert wurden niedriger.

Die Ergebnisse des Western Blot bestätigen die Ergebnisse des ELISAs. Durch die Inkubation mit den hier gewählten phenolischen Inhaltsstoffen des Apfelsafts kommt es außer bei Cumarsäuremethylester zu einer vermehrten Freisetzung von TNF-α ins Kulturmedium, die bei der Inkubation mit Epicatechin besonders stark ausgeprägt ist.

Durch die Stimulation mit TNF-α kommt es zur vermehrten Transkription von TNF-α. Innerhalb der stimulierten Zellen führt die Inkubation mit Butyrat tendenziell zu einer Verringerung der TNF-α Transkription während die anderen Apfelsaftinhaltsstoffe keinen Effekt haben. Bei den unstimulierten Zellen kommt es durch die Inkubation mit dem Gemisch der einzelnen Inhaltsstoffe zu einer gesteigerten Transkription von TNF-α verglichen mit der unstimulierten Mediumkontrolle.

4.2.2 Transforming growth factor beta 1

In Abb. 108 ist der mittels ELISA bestimmte Gehalt an TGF-β1 im Kulturmedium der Mono Mac 6 Zellen dargestellt:

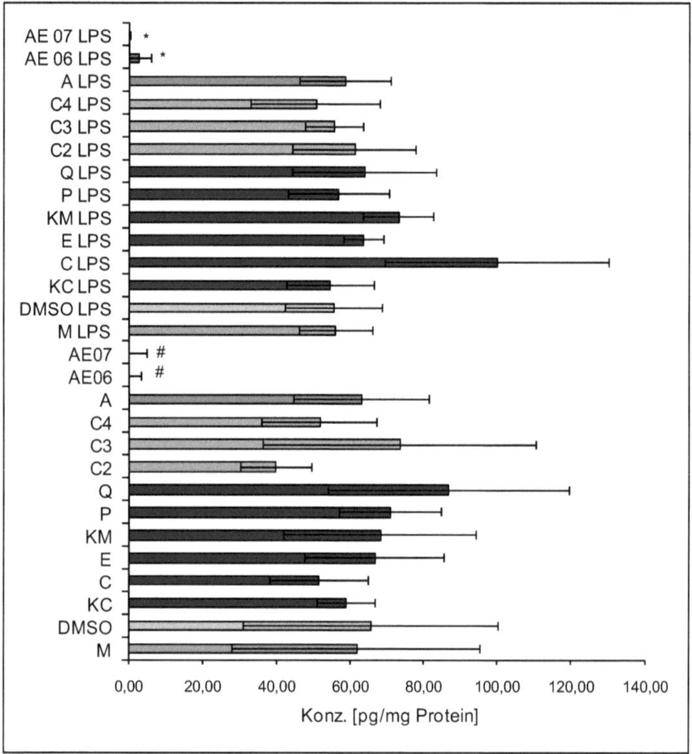

Abb. 108: *TGF-β1 Gehalt im Kulturmedium in vitro Modell*

^ p≤ 95 %, ^^ p≤99 %, ^^^ p≤ 99,9 %, n=3

**Vergleich der unstimulierten Gruppen, # Vergleich der stimulierten Gruppen*

M: Medium, DMSO: Dimethylsulfoxid; KC: Kaffeeoylchinasäure (Chlorogensäure), P: Phloretin, Q: Quercitin; C2: Acetat, C3: Protionat, C4: Butyrat, Alle vorher genannten, AE06: Apfelsaftextrakt 2006, AE07: Apfelsaftextrakt 2007; LPS: Lipopolysaccarid

Die Stimulation mit LPS hat keinerlei Einfluss auf die Sekretion von TGF-β1 ins Kulturmedium. Durch die Inkubation mit Apfelsaftextrakten kommt es sowohl bei den mit

LPS stimulierten, als auch bei den unstimulierten Proben zu einer Unterdrückung der TGF-β1 Sekretion bis zur Nachweisgrenze.

5. Diskussion

Zeitlicher Verlauf der DSS-Kolitis:

Durch die Gabe einer 5 %igen DSS-Lösung kommt es an Tag 8-9 zum Einbruch der Körpergewichtszunahme, die auf eine Entzündung des Darms hindeutet. Drei Tage nach Beendigung der DSS-Behandlung beginnen die Tiere wieder an Gewicht zuzunehmen, was auf eine beginnende Heilung der Entzündung schließen lässt. Da die Zunahme des Körpergewichts der DSS-Tiere langsamer erfolgt als die der Kontrolltiere ist davon auszugehen, dass die Entzündung sieben Tage nach dem Ende der DSS-Behandlung noch nicht vollständig abgeklungen ist, was mit dem optischen Eindruck bei Betrachtung des Gewebes bei der Entnahme der Proben übereinstimmt.

Die bei der Entzündung entstehenden Gewebsverletzungen versucht der Organismus zu schließen, indem sich das umliegende Gewebe zusammenzieht. Da das Gewicht des Gewebes konstant bleibt führt dies zu einer Erhöhung des Quotienten aus Organgewicht und Organlänge, so dass der Anstieg des Quotienten aus Kolongewicht und Kolonlänge als Indikator für eine entzündliche Veränderung des Kolons herangezogen werden kann.
In Übereinstimmung mit dem Ergebnis der Körpergewichtszunahme kommt es an Tag 8-9 der DSS-Behandlung zum Anstieg des Quotienten aus Kolongewicht und Kolonlänge. Die Entzündung zeigt einen zweiphasigen Verlauf. Die erste Phase der Entzündung ist einen Tag nach dem Absetzen des DSS zu Ende. Fünf Tage nach Beendigung der DSS-Behandlung beginnt die zweite Phase der Entzündung, die sieben Tage nach der DSS-Behandlung noch nachweisbar ist.

TGF-β1 ist für die intestinale Wundheilung von großer Bedeutung. TGF-β1 inhibiert systemische Immunantworten und stimuliert das lokale Immunsystem. TGF-β1 inhibiert nach Verletzungen die Proliferation von intestinalen Epithelzellen, fördert aber die Wundheilung durch die Stimulation von Zellmigrationen und Laminin in das geschädigte Gewebe (siehe Kapitel 2.2.3). Eine gesteigerte Expression von TGF-β1 kann somit als Hinweis auf eine vorliegende Entzündung gewertet werden [57].
Die TGF-β1 Gehalte spiegeln wieder, was der Quotient aus Kolongewicht und Kolonlänge gezeigt hat. Die induzierte Entzündung verläuft in den beschriebenen zwei Phasen ab und ist sieben Tage nach der DSS-Behandlung noch nachweisbar.

Die Myeloperoxidaseaktivität ist ein Maß für die Infiltration von Neutrophilen ins Gewebe, die in besonderem Maße während des Entzündungsgeschehens abläuft (siehe Kapitel 2.2 2.2.7) [15].
Auch hier zeigt sich der phasenförmige Verlauf der Entzündung. Die Phasen beginnen jedoch zwei Tage früher als bei den bereits besprochenen Parametern, was darauf zurückzuführen ist, dass das Immunsystem der erste Teil des Organismus ist, der auf den Kontakt mit dem Antigen reagiert und die beschriebenen Gewebsverletzungen aufgrund der Immunreaktion entstehen (siehe Kapitel 2.2) [15].
Hier kündigt sich eine dritte Entzündungsphase an, die vier Tage nach dem Ende der DSS-Behandlung beginnt. Mit jeder weiteren Entzündungsphase nimmt die Intensität der Entzündung durch den fortschreitenden Heilungsprozess ab, was sich in allen hier untersuchten Parametern widerspiegelt. Der Phasenförmige Verlauf der Entzündung rührt daher, dass der Organismus bei Kontakt mit dem Antigen massiv mit akuten Entzündungssymptomen reagiert um das Antigen unschädlich zu machen. Ist das Antigen unschädlich gemacht klingen die Entzündungssymptome ab. Noch vorhandenes Antigen kann dann erneut zu Entzündungssymptome auslösen. Dieser Prozess kann sich mehrmals hintereinander wiederholen, bis das Antigen letztendlich vollständig eliminiert ist [64, 35].

Einfluss verschiedener Apfelsäfte auf DSS und TNBS induzierte Kolitiden:

Da durch die zehntägige orale Gabe von 5 %iger DSS-Lösung eine Entzündung induziert werden kann, die auch sieben Tage nach Abschluss der DSS-Behandlung noch nachweisbar ist, eignet sich die vorgestellte Behandlung um den Einfluss der verschiedenen Apfelsäfte auf eine akute Entzündung zu untersuchen. Dazu wird den Tieren sieben Tage vor und nach der DSS-Behandlung der jeweilige Saft ad libitum angeboten (siehe Kapitel 3.1.1.2).
Zudem wird mit einer chronischen Variante des DSS-Modells gearbeitet, bei der wiederholt abwechselnd der entsprechende Apfelsaft und 3 %ige DSS-Lösung angeboten werden (siehe Kapitel 3.1.1.3).
Um den Einfluss der Säfte in einem zweiten Entzündungsmodell zu untersuchen wurde zusätzlich mit dem TNBS-Modell gearbeitet, bei dem den Tieren durch die rektale Verabreichung von TNBS in Kombination mit Ethanol eine Entzündung induziert wird. Die Tiere trinken in diesem Fall während der kompletten Behandlung den jeweiligen Saft (siehe Kapitel 3.1.1.4).

Durch die im Zuge der Immunreaktion entstehenden Verletzungen kommt es zu rektalen Blutungen [72, 13, 42, 83, 10, 56].
Bei der chronischen, durch DSS ausgelösten Kolitis zeigt sich, dass sich die Entzündung mit jeder DSS-Phase stärker manifestiert, was anhand der immer länger andauernden und stärkeren Blutungen zu erkennen ist. Mit jeder DSS-Phase reagieren die Tiere früher auf den Stimulus, was auf die schon vorhandenen Gewebeschäden und auf die vorangegangene Prägung des Immunsystems zurückzuführen ist [14].
Die hier gewählte Art der Applikation und Konzentration an TNBS führt ebenfalls zu einer Entzündung des Kolons, die sich anhand rektaler Blutungen nachweisen lässt. Diese fallen im Fall der Apfelmarktiere besonders stark aus. Hier zeigen auch die EtOH-Kontrolltiere, die Apfelmark getrunken haben rektale Blutungen, die aber im Vergleich mit den TNBS-Tieren, die Apfelmark getrunken haben milder ausfallen. Grund hierfür könnte sein, dass sich durch das vermehrte Angebot an Ballaststoffen die Bakterienzahl im Darm erhöht hat. Dongowski et al., stellte fest, dass durch die Verfütterung von Pektin an Ratten deren Anzahl an anaeroben Darmbakterien und Bakteroides zunimmt [14]. Des Weiteren wurde festgestellt, dass sich durch den Konsum von Pektin die Anzahl von Bifidobakterien im Darminhalt erhöht werden kann [70]. Durch das Ablösen des Mukus mit EtOH können verglichen mit den Tieren, die die ballaststoffärmeren Säfte getrunken haben vermehrt bakterielle Antigene der Darmflora, die für das Entstehen der Entzündung verantwortlich sind, in das Gewebe eindringen. Dem Mukus kommt hier bei der Aufrechterhaltung der epithelialen Barrierefunktion eine besondere Bedeutung zu. Durch die bei der Entzündung entstehenden Verletzungen der Darmwand beziehungsweise durch eine gestörte epitheliale Barrierefunktion ist es möglich, dass Antigene der Darmflora in das Gewebe eindringen. Dort können sie mit Makrophagen, persistenten Zellen des darmassoziierten Immmunsystems wie Mastzellen oder mit aufgrund der Entzündung in das Darmgewebe rekrutierten Immunzellen wie verschiedene Leukozytenarten interagieren [1].

Sowohl eine chronische, als auch eine akute, durch DSS induzierte Entzündung führt zu einer Verringerung der Körpergewichtszunahme. Durch die Gabe von DSS wird die epitheliale Barrierefunktion des Darms gestört. Dadurch wird die Resorption der Nährstoffe gestört, was zu einer verringerten Körpergewichtszunahme im Vergleich mit den Kontrolltieren führt. Die Induktion der DSS-Kolitis erfolgt durch toxische Effekte des DSS auf das mukosale Epithel, sowie durch die Phagozytose von DSS durch Makrophagen. Durch die daraus resultierende

Störung der epithelialen Barrierefunktion und die Präsentation des phagozytierten DSS kommt es zur Aktivierung des mukosalen Immunsystems [10, 13, 42, 56].

Im Fall der akuten DSS-Kolitis wirkt sich die Gabe von trübem und klarem Apfelsaft positiv auf die Entzündung aus, während Apfelmark keinen Effekt hat. Möglicherweise sind die bei der Entzündung entstandenen Gewebeschäden im Fall der Tiere, die trüben beziehungsweise klaren Saft getrunken haben schwächer ausgefallen, oder der Heilungsprozess ist weiter fortgeschritten. Da sowohl trüber, als auch klarer Saft eine Wirkung haben liegt die Vermutung nahe, dass die Wirkung der Säfte auf sekundäre Pflanzeninhaltsstoffe des Apfelsafts zurückzuführen ist. Im Fall der Apfelmarktiere wird dieser Effekt möglicherweise durch das vermehrte Eindringen bakterieller Antigene aufgrund des vermehrten Ballaststoffangebots aufgehoben.

Im Fall der starken chronischen DSS-Entzündung wirkt die Gabe der Säfte (Mark, trüb, klar) sich in Bezug auf die Körpergewichtszunahme negativ auf das Entzündungsgeschehen aus. Die Entzündung ist so stark, dass durch die Gabe von Apfelsaft kein positiver Effekt erreicht werden kann. Ganz im Gegenteil wirkt sich die Gabe der Säfte in diesem Fall sogar negativ aus. Das sowohl die ballaststoffreichen Säfte als auch der ballaststoffarme, klare Saft diese Wirkung hat lässt vermuten, dass der Effekt auf die sekundären Pflanzeninhaltsstoffe des Apfels zurückzuführen ist.

Bezüglich der Körpergewichtszunahme bestätigt sich, dass sich die Gabe von Apfelmark auf eine TNBS induzierte Entzündung negativ auswirkt. Mögliche Gründe hierfür wurden bereits diskutiert.

Mit Blick auf den Quotienten aus Kolongewicht und Kolonlänge lässt sich sagen, dass sich sowohl durch die Kurzzeit- als auch durch die Langzeitbehandlung mit DSS eine Entzündung des Kolons auslösen lässt, was mit den vorangegangenen Ergebnissen übereinstimmt.

Auch hier zeigt sich, dass bereits die Kombination aus EtOH und Apfelmark zu einer Verletzung der Darmwand führt, die durch TNBS verstärkt wird. Bei den anderen Säften kommt es durch die Verabreichung von TNBS zu milden Entzündungssymptomen.

Die Gabe der verschiedenen Apfelsäfte scheint das Immunsystem zu aktivieren, was durch die Steigerung der Myeloperoxidaseaktivität der Kontrolltiere des akuten DSS-Modells, die bei den Apfelmarktieren besonders deutlich ausfällt und der gesteigerten Anzahl an Neutrophilen im Blut der Kontrolltiere des chronischen DSS-Modells, die Apfelmark getrunken haben zum Ausdruck kommt. Das die Steigerung der Myeloperoxidaseaktivität im akuten DSS-Modell auch bei den Tieren auftritt, die klaren Apfelsaft getrunken haben deutet darauf hin, dass unter anderem sekundäre Pflanzeninhaltsstoffe an der Aktivierung des Immunsystems beteiligt sind. Wie Studien gezeigt haben sind Polyphenole in der Lage das zwischen pro- und antiinflammatorischen Zytokinen herrschende Gleichgewicht zu beeinflussen [66].

Das in beiden Fällen (EtOH und TNBS) die Tiere, die Apfelmark getrunken haben eine höhere Myeloperoxidaseaktivität zeigen stützt die Vermutung, dass es durch das vermehrte Ballaststoffangebot zu einer Steigerung der Bakterienzahl im Kolon kommt, die zur Aufrechterhaltung der immunologischen Bilanz (siehe Kapitel 2.6.3.1) eine gesteigerte Aktivität des Immunsystems in Form einer Infiltration mit Neutrophilen beziehungsweise einer Steigerung der Aktivität ihres Enzyms Myeloperoxidase von Nöten macht. Diese These wird dadurch gestützt, dass im Fall des chronischen DSS-Modells, bei dessen Behandlungsschema die Tiere an den letzten vier Behandlungstage keinen Saft angeboten bekamen nur noch die Tiere mit einer gesteigerten Aktivität des Immunsystems reagieren, die zuvor das Getränk mit dem höchsten Ballaststoffgehalt(Apfelmark) genossen haben.

Durch die Gabe von DSS kurz- oder langzeitig kommt es zu einer Entzündung, die mit einer Infiltration von Neutrophilen und einer Steigerung der Aktivität ihres Enzyms Myeloperoxidase einhergeht. Bei der akuten Entzündung lässt sich der bei den Kontrolltieren des akuten DSS-Modell beschriebene Einfluss des Apfelsafts noch erkennen. Die chronische Entzündung ist so stark, dass hier kein Apfelsafteinfluss zum Ausdruck kommt.

Eins der wichtigsten Immunproteine ist TNF-α. Als typisches T_{H1}-Zytokin spielt es eine bedeutende Rolle im Zusammenhang mit chronisch entzündlichen Darmerkrankungen. TNF-α führt zur Stimulation von akut-Phase-Antworten im Entzündungsgeschehen, wirkt zytotoxisch und kann die Proliferation, Differenzierung und Funktion fast aller Zelltypen beeinflussen (siehe Kapitel 2.2.1) [16, 35, 77].

Zytokine sind die Hauptmediatoren lokaler interzellularer Kommunikation. Sie sind an Immun- und Entzündungsreaktionen auf verschiedenste Stimuli beteiligt. Die Balance zwischen den Effekten pro- und antiinflammatorischer Zytokine bestimmen über kurz oder lang über den Ausbruch chronisch entzündlicher Erkrankungen [66].

Der Konsum der verschiedenen Apfelsäfte führt bei den Kontrolltieren des akuten DSS-Modells zur Reduktion der TNF-α Transkription. Zur Aufrechterhaltung der Immunologischen Balance im Darm ist aufgrund der vermehrten Infiltration mit Neutrophilen und der Steigerung der Myeloperoxidaseaktivität weniger TNF-α nötig. Durch den langzeitigen Konsum der Apfelsäfte kommt es nur bei trübem und klarem Apfelsaft zur Reduktion der TNF-α Expression und Transkription. Im Fall von Apfelmark wird möglicherweise mehr TNF-α zur Aufrechterhaltung der immunologischen Balance benötigt, da es durch die vermehrte Anzahl an Darmbakterien zu einem vermehrten Kontakt des mukosalen Immunsystems mit Antigenen der Darmflora kommt.

Die DSS induzierte Kolitis ist kein typisches T_{H1} oder T_{H2} Modell. Vielmehr wird sie durch eine unspezifische Aktivierung des Immunsystems an welcher sowohl T_{H1} als auch T_{H2} Zytokine beteiligt sind charakterisiert [53]. Dieleman et al. fand, dass sowohl das T_{H1} Zytokin IFN-γ als auch das T_{H2} Zytokin IL-4 bei einer chronischen Form der DSS-Kolitis hochreguliert werden [53]. Bei der hier durchgeführten Studie konnte mittels ELISA unabhängig von der Behandlung kein nachweisbarer Gehalt an IL-4 gefunden werden. Egger et al. fand in einer Form des akuten DSS-Modells mit unterschiedlichen Konzentrationen an DSS keinen Einfluss auf den IL-4 Spiegel, jedoch eine Steigerung der TNF-α Transkription, die nicht linear mit der verabreichten Dosis an DSS verläuft, sondern bei der höchsten von ihm eingesetzten Konzentration wieder sinkt [73]. Das jeweils vorliegende Zytokinprofil ist sowohl von der Behandlungsdauer, als auch von der verabreichten DSS-Dosis abhängig. Bei dem hier gewählten chronischen Behandlungsschema kommt es durch DSS zu einer Reduktion der TNF-α Expression sowohl im Kolon, als auch in der Milz und dem Blutserum. In der Milz und im Blutserum fällt die Senkung schwächer aus als im Kolon, außerdem ist hier der bei den Kontrolltieren bereits festgestellte Apfelsafteinfluss zu sehen. Zurückzuführen sind diese Ergebnisse darauf, dass die induzierte Entzündung im Kolon lokalisiert ist und sich nur sekundär auf Milz und Blutsystem auswirkt.

Die Expression des Immunproteins Ip-10 spiegelt exakt die Ergebnisse der TNF-α Untersuchung wieder. Sowohl die Verringerung der Expression durch DSS, als auch der beschriebene Einfluss der Apfelsäfte ist zu erkennen. Auch hier zeigt sich, dass die Entzündung im Kolon lokalisiert ist und sich nur sekundär auf Milz und Blutsystem auswirkt.

Die TNBS induzierte Kolitis hat auf die TNF-α Expression keinerlei Einfluss, obwohl dieses Entzündungsmodell als T_{H1}-Modell beschrieben wird [90]. Durch TNBS kommt es in Kombination mit trübem und klarem Apfelsaft zu einer gesteigerten TNF-α Transkription.

Bei den TNBS-Tieren, die Kontrollsaft beziehungsweise klaren Apfelsaft getrunken haben sind die Entzündungssymptome wahrscheinlich zu schwach um sie nachweisen zu können, da die Entzündung leicht und lokal sehr eng begrenzt (Applikationsstelle) ist. Hier zeigt sich erneut, dass sich die Gabe von Ballaststoffen negativ auf die Entzündung auswirkt. Es gibt Diätempfehlungen, die im Fall chronisch entzündlicher Darmerkrankungen eine spezielle

Kohlenhydratdiät empfehlen. Der physiologische Kohlenhydratbedarf soll dabei durch Einfachzucker gedeckt werden. Ballaststoffe und laktosehaltige Lebensmittel sind zu meiden. Theorie dieser Diät ist, dass sich durch das Meiden komplexer Kohlenhydrate die Zahl pathogener Darmbakterien, die sich hauptsächlich von diesen Kohlenhydraten ernähren vermindert wird. Diese Theorie ist jedoch kritisch zu beurteilen, da Ballaststoffe für eine funktionelle Darmmotalität unabdingbar sind. Des Weiteren wird bei dieser Diät außer Acht gelassen, dass die normale Darmpopulation auf komplexe Kohlenhydrate als Nahrungsquelle angewiesen ist und, dass deren Wachstum bei Einschränkung der Ballaststoffzufuhr ebenfalls verringert wird. Bruker empfiehlt bei chronisch entzündlichen Darmerkrankungen eine Vollwertkost, die ausschließlich aus frischem Obst und Gemüse, naturbelassenen Ölen und Getreide (Vollkorn) besteht. Während einer Entzündungsphase werden leicht verdauliche Kohlenhydrate (z.B. Weißbrot) besser vertragen, wohingegen Ballaststoffe hier aufgrund ihrer schweren Verdaulichkeit kontraproduktiv sind. Bei dem Vorliegen von Stenosen kann es zu Darmverengungen kommen. In der Remissionsphase hingegen kommt die empfohlene ballaststoffreiche Kost den allgemeinen Regeln einer vollwertigen Ernährung entgegen. Durch die Gabe von Ballaststoffen kann die Anzahl der natürlichen Darmbakterien erhöht werden was die Vermehrung pathogener Keime unterdrückt [86].

Dohi et al. fand, dass TNBS induzierte Kolitiden unter bestimmten experimentellen Umständen auch T_{H2} charakteristische Zytokinprofile, bei denen unter anderem IL-4 freigesetzt wird zeigen [90]. Dies konnte in dieser Studie jedoch nicht bestätigt werden. Unabhängig von der Art der Behandlung lag die mittels ELISA bestimmte IL-4 Konzentration unter bzw. an der Nachweisgrenze.

Die im Kolon und der Milz bestimmte Expression an Ip-10 spiegeln die Ergebnisse der TNF-α Gehalte wieder.

Bei der akuten Behandlung mit DSS kommt es bei den Tieren, die Kontrollsaft getrunken haben zu einer Steigerung der TGF-β1 Expression. Die Tiere, die Apfelmark, trüben oder klaren Apfelsaft getrunken haben zeigen was TGF-β1 betrifft keine Entzündungssymptome. Da sich in diesem Fall auch der klare Saft positiv auf die Entzündung auswirkt ist der Grund bei den sekundären Pflanzeninhaltsstoffen zu suchen. Möglicherweise sind die bei der Entzündung entstandenen Gewebeschäden im Fall der Tiere, die trüben beziehungsweise klaren Apfelsaft getrunken haben schwächer ausgefallen, oder der Heilungsprozess ist weiter fortgeschritten.

Auch durch die langzeitige Gabe von DSS kommt es zu einer Steigerung der Expression von TGF-β1. Auf die chronische Entzündung haben die verschiedenen Apfelsäfte jedoch keinen Einfluss. Die Entzündung ist zu stark um die Symptome durch Apfelsaft lindern zu können.
Im Fall der TNBS-Kolitis zeigen sich zum wiederholten Mal bei den EtOH- und TNBS-Tieren, die Apfelmark getrunken haben Entzündungssymptome. Durch TNBS wird die Entzündung verstärkt. Bei den TNBS-Tieren, die die anderen Säfte konsumiert haben fällt die Entzündung so schwach aus, dass sie nicht anhand einer gesteigerten TGF-β1 Expression nachweisbar ist, was wiederum darauf zurückzuführen ist, dass es sich bei der induzierten TNBS-Kolitis um eine milde Form der Entzündung handelt, die lokal eng begrenzt ist und deshalb systemisch nur zu schwachen Effekten führt.

Den histologischen Schnitten ist zu entnehmen, dass es sich bei der DSS induzierten Kolitis um eine Entzündung handelt, die trotz oraler Verabreichung des DSS wie auch schon von Kullmann beschrieben nur im Kolon descendens lokalisiert ist. Dazu kommt es zum einen, weil sich die Passagezeit beim Durchlaufen des Verdauungstraktes immer weiter verlangsamt und zum anderen durch die zunehmende Anzahl an Darmbakterien vom proximalen zum distalen Kolon hin, deren Eindringen in das Gewebe hauptverantwortlich für das entstehen der Entzündung gemacht werden (siehe Kapitel 2.4) [53, 54, 57, 58, 81, 88, 89].
Durch die akute Behandlung mit DSS kommt es bei den Tieren, die Kontrollsaft beziehungsweise klaren Apfelsaft getrunken haben zu stärkeren Gewebeschäden als bei den Tieren, die trüben Apfelsaft beziehungsweise Apfelmark getrunken haben. Dies ist darauf zurückzuführen, dass die trüben Säfte höhere Gehalte an phenolischen Inhaltsstoffen als der klare Saft und der Kontrollsaft enthalten, bei dem diese verschiedene Signalkaskaden im Entzündungsgeschehen beeinflussenden Substanzen entfernt wurden [66].
Die chronische Entzündung ist zu stark um einen eindeutigen Einfluss der Säfte feststellen zu können. Tendenziell scheint sich der trübe und klare Saft jedoch positiv auszuwirken, wobei der klare Saft einen größeren Einfluss hat. Der positive Einfluss des klaren und trüben Safts ist vermutlich auf sekundäre Pflanzeninhaltsstoffe zurückzuführen. Aufgrund seines Ballaststoffgehalts, der sich wie schon mehrmals festgestellt negativ auf eine starke Entzündung auswirkt zeigt der trübe Saft eine geringere Wirkung wie der klare Saft. Durch den hohen Ballaststoffgehalt im Apfelmark kommt es zu einer Erhöhung der Bakterienzahl im Kolon, so dass vermehrt Antigene der Darmflora ins Gewebe eindringen und zu einer stärkeren Entzündung führen. Der negative Einfluss der Ballaststoffe auf die Entzündung

kann nicht durch die positive Wirkung der sekundären Pflanzeninhaltsstoffe des Apfels ausgeglichen werden.
Durch TNBS kommt es bei den Tieren, die Apfelmark getrunken haben zu Gewebeschäden. Auch die EtOH-Kontrolltiere, die Apfelmark getrunken haben reagieren mit Gewebsschädigungen. Zurückführen lässt sich dies wie schon erwähnt auf den hohen Gehalt an Ballaststoffen im Apfelmark, der zu einer gesteigerten Bakterienkonzentration im Kolon führt. Zum wiederholten Mal hat sich gezeigt, dass die EtOH-Kontrolltiere, die Apfelmark getrunken haben Entzündungssymptome zeigen. Diese werden durch die zusätzliche Applikation von TNBS verstärkt. Während die Apfelmarktiere starke Entzündungssymptome zeigen reagieren die übrigen Tiere äußerst schwach auf die TNBS induzierte Entzündung.
Das Entzündungsmodell funktioniert, indem durch Ethanol der Mukus und damit die epitheliale Barriere entfernt beziehungsweise gestört wird. Anschließend sind es hauptsächlich die bakteriellen Antigene der Darmflora und/oder der Nahrung, die zur Entstehung der Entzündung führen. Dadurch, dass die Entzündung lokal sehr begrenzt ist (Applikationsstelle) ist es kaum möglich systemische Auswirkungen nachzuweisen, selbst wenn die Tiere lokal stark von der Entzündung betroffen sind. Zum Teil ist das Gewebe der Apfelmarktiere lokal so stark geschädigt, dass nicht mehr oder nur mit einer schwachen Immunantwort gerechnet werden kann, wie es bei TNF-α Expression der Fall war, während das Gewebe in kurzer Entfernung zur Applikationsstelle völlig in Takt ist und es deshalb ebenfalls zu keiner Immunantwort kommt.

Die bei den durchgeführten Studien ermittelten Fettsäureverhältnisse von Acetat:Propionat:Butyrat im Kolon von 10:10:80 (siehe Kapitel 4.1.2.8) stimmen nicht mit den Literaturdaten von 63:23:14 siehe Kapitel überein [83, 87]. Vermutlich ist ein Großteil des flüchtigen Acetats trotz Lagerung bei – 80 °C verloren gegangen.
Bei der akuten Variante des DSS-Modells zeigt sich sowohl bei den Kontrolltieren, als auch bei den DSS-Tieren, dass der Butyratanteil an SCFA im Kolon höher ist als im Caecum. Die Verhältnisse der drei SCFA zueinander verschieben sich vom Caecum zum Kolon hin zu Gunsten von Butyrat. Beides ist darauf zurückzuführen, dass sich die Darmflora der beiden Darmabschnitte voneinander unterscheidet. Während Milchsäurebakterien aufgrund des von ihnen bevorzugten pH-Werts und ihrer Sauerstofftoleranz die Hauptpopulation des Dünndarms ausmachen findet man im Dickdarm hauptsächlich strikte Anaerober wie Bifidobakterien und Clostridien (siehe Kapitel 2.4) [81]. Je nach Zusammensetzung der Flora entstehen aufgrund der verschiedenen möglichen Gärungen andere Fermentationsprodukte

(siehe Kapitel 2.7.3.1.2). Die Kontrolltiere, die Apfelmark getrunken haben zeigen gegenüber den anderen Kontrolltieren eine, wenn auch nicht signifikant erhöhte Butyratkonzentration im Kolon, was auf den erhöhten Ballaststoffanteil im Getränk zurückzuführen ist. Sembries et al. fand, dass die Ballaststoffe des Apfels, die zum Größten Teil aus Cellullose, Hemicellulose und Pektin bestehen den Gehalt der SCFA Acetat und Propionat erhöhen. Durch in Alkohol nicht lösliche Apfelballaststoffe konnte die Butyratkonzentration im Kolon erhöht werden [87]. Die bei den Kontrolltieren beobachtete Steigerung der Butyratkonzentration bei den Tieren, die Apfelmark getrunken haben ist bei den entsprechenden DSS-Tieren nicht zu erkennen. Möglicherweise wird die Darmflora und dadurch die Fermentation der Ballaststoffe durch DSS beeinflusst.

Bei der chronischen Variante des DSS-Modells kommt es bei den Kontrollsafttieren vom Caecum zum Kolon ebenfalls zu einer Verschiebung der Fettsäureverhältnisse (zu Gunsten von Butyrat) was auf die oben erwähnten Gründe zurückzuführen ist. Durch Apfelmark wird in diesem Fall die Butyratbildung im Kolon nicht erhöht, was darauf zurückzuführen ist, dass bei der chronischen Variante des DSS-Modells an den letzten vier Behandlungstagen kein Saft gereicht wurde. Der Ursprungszustand im Darm bezüglich der SCFA Bildung ist nach Absetzen der Ballaststoffe schnell wieder erreicht. Um eine dauerhaft vermehrte Bildung an SCFA beziehungsweise Butyrat zu erreichen ist eine kontinuierliche, hohe Ballaststoffzufuhr von Nöten. Die DSS-Tiere weisen höhere SCFA Konzentrationen im Kolon auf als die Kontrolltiere, was darauf zurückzuführen ist, dass aufgrund der Entzündung die Resorption gestört ist. Da sich die Entzündung im Kolon manifestiert hat, ist dieser Effekt im Caecum nicht zu beobachten.

Beim TNBS-Modell kommt es aus den oben erwähnten Gründen bei den Tieren, die Apfelmark beziehungsweise trüben Apfelsaft getrunken haben zu einer Steigerung der Butyratkonzentration. Dieser Effekt ist im Gegensatz zum akuten DSS-Modell nicht nur auf das Kolon beschränkt sondern auch im Caecum zu erkennen, was darauf zurückzuführen ist, dass die Tiere des TNBS-Modell zehn Tage lang die angebotenen Säfte konsumiert haben, während die Tiere des akuten DSS-Modells nur sieben Tage vor der Probenahme Saft angeboten bekommen haben. Ebenfalls darauf zurückzuführen ist, dass im Fall des TNBS-Modells im Gegensatz zum akuten DSS-Modell auch trüber Apfelsaft zu einer Steigerung der Butyratkonzentration führt. Um eine Änderung des SCFA Haushalts im Darm zu erreichen ist es nötig über einen längeren Zeitraum vermehrt Ballaststoffe zu konsumieren, da sich die Darmflora beziehungsweise ihre Fermentation nur langsam umstellt. Die Darmflora bracht Zeit sich auf das „veränderte Nahrungsangebot“ einzustellen.

Einfluss von Apfelinhaltsstoffen bzw. ihrer Fermentationsprodukte auf die Zytokinexpression:

Durch die Inkubation der Zellen mit den phenolischen Inhaltsstoffen des Apfels kommt es zu einer gesteigerten TNF-α Expression. Die hier verwendeten phenolischen Inhaltsstoffe des Apfels sind in der Lage das Immunsystem zu aktivieren, was durch die auf transkriptioneller Ebene erhaltenen Ergebnisse bestätigt wird. Die Ergebnisse spiegeln die im akuten DSS-Modell erhaltenen Ergebnisse wieder, wo die verwendeten Apfelsäfte zu einer Steigerung der Myeloperoxidaseaktivität und damit ebenfalls zu einer Aktivierung des Immunsystems der Kontrolltiere geführt haben.

Bei den stimulierten Zellen kann durch Koinkubation mit dem Apfelsaftextrakt 2006 die TNF-α Expression gesenkt werden, während sich der Apfelsaftextrakt 2007 und die Kombination der einzelnen getesteten Apfelsaftinhaltstoffe als unwirksam erweist. Betrachtet man sich die Zusammensetzung der beiden Apfelsaftextrakte fällt auf, das sich der Apfelsaftextrakt 2006 gegenüber dem Apfelsaftextrakt 2007 durch einen höheren Gehalt an Procyanidienen, Epicatechin und niedrigeren Gehalten an Phlorethin-2-Xyloglucosid, Kryptochlorogensäure und 4-Cumaroylchinasäure auszeichnet. Procyanidine werden während der Darmpassage in ihre Monomere Catechin und Epicatechin gespalten (siehe Kapitel 2.7.3.2).

Studien haben gezeigt dass Flavonoide in der Lage sind eine Immunantwort zu modulieren und antiinflammatorisch zu wirken. Polyphenole wie Quercitin und Catechine wirken inhibitorisch auf TNF-α, IL-1β und IL-10. Der Transkriptionsfaktor NF-κB kontrolliert die Transkription einer ganzen Reihe von Genen, zu denen auch die proinflammatorischen Zytokine IL-1, IL-2, IL-6 und TNF-α zählen. Die Inhibierung von NF-κB wird als nutzvolle Therapiemöglichkeit bei der Behandlung von Entzündungen angesehen [66].

In aktivierten Immunzellen kommt es über das Komplementsystem zur Aktivierung verschiedener Phospholipasen (PL). Das an der Zellinnenschicht der Zellmembranen enthaltene Phosphatidylinositol-4,5-Biphosphat wird durch PL-Cβ zu Phosphatidylinositol-1,4,5-Triphosphat (IP_3) und Diacylglycerin (DAG) gespalten, die beide als parallele second Messenger unterschiedliche Wirkungen haben und zum Teil kooperieren. DAG bleibt in der Zellmembran, wo es zwei Funktionen erfüllt. Zum einen wird es durch PLA_2 zu Arachidonsäure umgewandelt und führt über diesen Weg zur Bildung von Eicosanoiden, die für die Entstehung typischer Entzündungssymptome verantwortlich sind (siehe Kapitel 2.2). Zum anderen aktiviert es die Proteinkinase C (PKC). PKC löst eine ganze Kaskade von Phophorylierungen von Proteinen aus, durch die schließlich eine Mitogen-aktivierte-

Proteinkinase (MAPK) phosphoriliert wird, die in den Zellkern gelangt und dort unter anderem den Transkriptionsfaktor NF-κB freisetzt [34, 52].
Auf transkripioneller Ebene führt Butyrat zu einer Reduktion der TNF-α mRNA. In *in vitro* Modellen hat sich gezeigt, dass Butyrat einen IC_{50} bei der Histondeacetylase (HDAC) Inhibition von 0,01 mM bei HT-29 Zellen und 0,1 mM bei HeLaMad 38 Zellen hat [38]. Die Histone sind der wichtigste Regulationsmechanismus der Genexpression. Die Modulation der Histone erfolgt durch Histonacetyltransferasen (übertragen Acetylgruppen auf Histone) und Histondeacetylasen (lösen histongebundene Acetylgruppen). So entsteht ein typisches Acetylierungsmuster welches dazu führt, dass Gene abgelesen werden oder nicht. Durch Inhibierung der HDACs können diese keine Acetylgruppen abspalten, wodurch wiederum die Transkription bestimmter Gene gehemmt wird (siehe Kapitel 2.7.3.1.3) [38]. Bei der in dieser Studie zur Inkubation verwendeten Konzentration an Butyrat von 0,075 mM hat möglicherweise die HDAC Inhibierung zu einer verringerten Transkription der TNF-α mRNA geführt. In den unstimulierten Zellen ist die TNF-α Transkription so gering, dass sich die HDAC Inhibierung nicht in einem messbaren Bereich auswirkt.

Die Expression von TGF-β1 lässt sich durch LPS nicht beeinflussen, obwohl TNF–α als Stimulus für TGF-β1 wirkt (siehe Kapitel 2.2). Durch die Inkubation mit den beiden Apfelsaftextrakten kommt es sowohl bei den mit LPS stimulierten als auch bei den nicht stimulierten Zellen zu einer Reduktion der TGF-β1 Expression bis an die Nachweisgrenze. Für diesen Effekt verantwortlich könnte eine in diesem Modell nicht getestete Substanz sein. Eine Bindung des exprimierten TGF-β1 an den Apfelsaftextrakt, der eine Detektion im ELISA verhindern würde wurde durch Zugabe von TGF-β1 in bekannter Konzentration und AE in der im Versuch verwendeten Konzentration überprüft. Es konnten keine adsorptiven Effekte festgestellt werden.

6. Zusammenfassung

Durch die kurzzeitige Gabe von DSS kommt es zu einer milden, für die Tiere gut zu verkraftenden Entzündung. Die Gabe der Apfelsäfte wirkt sich auf diese akute Form der DSS-Kolitis positiv aus, wobei der trübe Saft tendenziell eine bessere Wirkung zeigt. Da nicht nur die ballaststoffreichen Säfte (Apfelmark, trüber Apfelsaft), sondern auch der ballaststoffarme klare Apfelsaft wirkt, ist davon auszugehen, dass die Wirkung auf sekundäre Pflanzeninhaltsstoffe des Apfels zurückzuführen ist.

Die durch die langzeitige Gabe von DSS induzierte Entzündung ist wesentlich stärker als die akute, aber für die Tiere gut zu verkraften. Auf die chronische DSS-Kolitis haben die hier verwendeten Apfelsäfte nicht den im akuten DSS-Modell festgestellten positiven Einfluss. Die chronische Entzündung ist so stark, dass die Symptome nicht durch die Gabe der Apfelsäfte gelindert werden kann.

Durch die hier gewählte Art der TNBS Applikation kann bei den Tieren, die Kontrollsaft trüben oder klaren Apfelsaft getrunken haben eine milde, lokal sehr eng begrenzte Entzündung des Kolons induziert werden. Bei den Tieren, die Apfelmark getrunken haben kommt es durch die Verabreichung des EtOH- beziehungsweise des TNBS-Gels zu einer starken, ebenfalls lokal sehr eng begrenzten Entzündung des Kolons. Die TNBS-Kolitis wird in der Hauptsache durch das Eindringen von Antigenen der Nahrung und der Darmflora nach dem Ablösen des Mukus mit Ethanol bestimmt. Durch das Vermehrte Angebot an Ballaststoffen aus dem Apfelmark kommt es wahrscheinlich zu einer vermehrten Bakterienkonzentration im Darm, die mit einem erhöhten Kontakt mit Antigenen einhergeht, der letztendlich für die starken Entzündungssymptome verantwortlich ist.

Wie man anhand der verringerten TNF-α Expression und Transkription der Kontrolltiere, sowie der gesteigerten Anzahl an Neutrophilen und der gesteigerten Aktivität des neutrophileneigenen Enzyms Myeloperoxidase der Kontrolltiere erkennen kann sind die verwendeten Apfelsäfte in der Lage den Status des Immunsystems zu verändern.

Des Weiteren konnte im Rahmen dieser Arbeit festgestellt werden, dass die Gabe von Ballaststoffen den Gesamtgehalt an SCFA und an Butyrat steigern kann, wobei dieser Effekt nur bei dauerhaftem Konsum der Ballaststoffe auftritt.

In den hier durchgeführten *in vitro* Studien konnte in Übereinstimmung mit den *in vivo* Versuchen gezeigt werden, dass die phenolischen Inhaltsstoffe des Apfels beziehungsweise ihre Abbauprodukte in der Lage sind das Immunsystems zu aktivieren. In LPS stimulierten Mono Mac 6 Zellen konnte die induzierte TNF-α Expression durch den im Vergleich zum

Apfelsaftextrakt 2007 Procyanidin und Epicatechin reichen Apfelsaftextrakt 2006 gesenkt werden. Auf transkriptioneller Ebene führte die Inkubation mit Butyrat zu einer Hemmung der TNF-α Transkription, was möglicherweise auf die in der Literatur beschriebene Inhibierung der Histondeacetylase durch Butyrat zurückzuführen ist.

7 Literaturverzeichnis

[1] Anagnostides A.A. et al., Inflammatory bowel disease, first edition, *Chapman & Hall medical*, London (1991)

[2] Baert F.J. et al., Anti-TNF strategies in crohn's disease: Mechanisms, clinical effects, indications, *International journal of colorectal disease*, **14**, 47-51 (1999)

[3] Ball V. et al., Rat Interleukin-10: Produktion and characterisation of biological active protein in a recombinant bacterial expression system, *European cytokine network*, **12**, 1, 187-193 (2001)

[4] Bakkenist A.R.J. The halide complexes of myeloperoxidase and the mechanism of the halogenation reactions, *Biochemica et Biophysica Acta*, **613**, 337-348 (1980)

[5] Belitz H.D. et al., Lehrbuch der Lebensmittelchemie, 5. vollständig überarbeitete Auflage, *Springer Verlag*, Berlin (2001)

[6] Bendel L., Das große Früchte- und Gemüselexikon, *Albatros* (2002)

[7] Boismenu R., Insights from mouse models of colitis, *Journal of leucocyte biology*, **67**, 267-278 (2000)

[8] Bourdrel L. et al. Recombinant human transforming growth factor-β1 expression by Chinese hamster ovary cells isolation and characterisation, *Protein expression and purification*, **4**, 130-140 (1993)

[9] Cerli R. et al. Constitutive expression of interferon γ—inducible protein 10 in lymphoid organs and inducible expression in T cells and thymocytes, *The Journal of experimental medicine*, **179**, 1373-1378 (1994)

[10] Cooper H.S. et al., Clinicopathologic study of dextran sulphate sodium experimental murine colitis, *Lab Invest*, **69**, 238-249 (1993)

[11] DCCV, Ernährung bei chronisch entzündlichen Darmerkrankungen, Bauchredner, Nr. 68 1/2002 (2002)

[12] Deutsche Morbus Crohn / Colitis Ulcerosa Vereinigung DCCV e.v. Chronisch entzündliche Darmerkrankungen - Morbus Crohn, Colitis Ulcerosa, *Medpharm Scientific Publisher*, Stuttgart (1997)

[13] Dielemann L.A. et al., Chronic experimental colitis induced by dextran sulphate sodium (DSS) is characterised by Th1 and Th2 cytokines, *Clin Exp Immunol*, **114**, 385-391 (1998)

[14] Dongowski G. et al. The degree of methylation influences the degradation of pectin in the intestinal tract of rats and in vitro, *The journal of nutrition*, **132**, 1935-1944 (2002)

[15] Faller A., Schünke M. Der Körper des Menschen, 14. aktualisierte und erweiterte Auflage, *Georg Thieme Verlag*, Stuttgart (2004)

[16] Fiers W. Tumor necrosis factor characterisation at the molecular cellular and in vivo level, *Federation of European Biochemical Societies*, **285**, 2, 199-212 (1991)

[17] Frey A. et al., A stable and highly sensitive 3,3',5,5'-tetramethylbenzidine-based substrate reagent for enzyme-linked immunsorbent assays, *Journal of immunological methods*, **233**, 47-56 (1999)

[18] Fuchs 2007

[19] Gassner G. Hohmann, Deutschmann, Mikroskopische Untersuchung von Lebensmitteln, 5. Auflage, *Gustav Fischer Verlag*, Stuttgart (1989)

[20] Gemsa D. et al. Immunologie / Grundlagen·Klinik·Praxis, 4. neu überarbeitete Auflage, *Georg Thieme Verlag*, Stuttgart (1997)

[21] Grisham M.B. et al. Assessment of Leukozyte Involvement during Ischemia and Reperfusion of Intestine, *Methods in Enzymol.* **186**, 729-742 (1990)

[22] Head K.A. et al. Inflammatory bowel disease part I: Ulcerative colitis-phatophysiology and conventional and alternative treatment options, *Altern Med Rev.* **8**, 3, 247-283, (2003)

[23] Head K.A. et al. Inflammatory bowel disease part II: Crohn's disease-phatophysiology and conventional and alternative treatment options, *Altern Med Rev.* **9**, 4, 360-400 (2004)

[24] Holtmann M. et al. Das mukosale Immunsystem Wie klar ist die Pathophysiologie?, *Internist* **42**, 1343-1353 (2002)

[25] Inatomi O. Butyrat blocks interferon-γ-inducible protein-10 release in human intestinal subepithelial myofibroblasts, *Journal of gastroenterology*, **40**, 483-489 (2005)

[26] Jander G., Einführung in das anorganisch-chemische Praktikum, 14. Auflage, *S.Hirzel Verlag*, Stuttgart (1995)

[27] Kahle K. et al., Colonic availibility of apple polypfenols- A study in ileostomy subjects, *Mol. nutr. food res.*, **49**, 1143-1150 (2005)

[28] Kahle K. et al., Polyphenols are the intensively methabolized in the human gastrointestinal tract after apple juice consumption, *Journal of agricultural and food chemistry.*, **55**, 10605-10614 (2007)

[29] Kahle K. et al., Polyphenol profiles of apple juices, *Mol. nutr. food res.*, **49**, 797-806 (2005)

[30] Kahle K. et al., Studies on apple and blueberry fruit constituents: Do the polyphenols reach the colon after ingestion?, *Mol. nutr. food res.*, **50**, 418-423 (2006)

[31] Kahle W. et al., Taschenatlas der Anatomie, 2. unveränderte Auflage, Band 2, *Georg Thieme Verlag Stuttgart* (1976)

[32] Kaiser R., Gottschalk G. Elementare Tests zur Beurteilung von *Messdaten, Hochschultaschenbücher* Band 774, *Verlag Anton Hain*, Meisenheim/Glan (1972)

[33] Kardos E. Obst- und Gemüsesäfte, 2. völlig neubearbeitete Auflage, (1978)

[34] Kearsy J.A. et al. Isolation and characterisation of highly purified rat intestinal intraepithelial lymphocytes, *J Immunol Methods.* **194**, 35-48 (1996)

[35] Keller R., Immunologie und Immunpathologie, 4. Neubearbeitete und erweiterte Auflage, *Georg Thieme Verlag*, New York (1994)

[36] Klitta E. et al., Trierer Viez, 2. Auflage, *Volksfreunddruckerei Nik. Koch GmBH u. Co KG*, Trier (1987)

[37] Kullmann F. et al., Clinical and histopathological features of dextran sulfate sodium induced acute and chronic colitis associated with dysplasia in rats, *International Journal of colorectal Diseases*, **16**, 238-246 (2001)

[38] Krawisz J.E., Quantitative assay for acute intestinal inflammation based on myeloperoxidase activity, *Gastroenterology*, **87**, 1344-1350 (1984)

[39] Kurzrock M.D. et al., Cytokines: Interleukins and their receptors, *Kluve academic publishers*, (1995)

[40] Lüllmann-Rauch R., Taschenlehrbuch Histologie, 2. Auflage, *Georg Thieme Verlag*, Stuttgart (2006)

[41] Luster A., Ravetch J.V. Biochemical characterisation of a γ-interferon-inducible cytokine (IP-10), *The Journal of experimental medicine*, **166**, 1084-1097 (1987)

[42] Mähler M et al., Genetic analysis of susceptibility to dextran sulfate sodium-induced colitis in mice, *Genomics*, **55**, 147-156 (1999)

[43] Marquardt, Schäfer, Lehrbuch der Toxikologie, 2. Auflage, *Wissenschaftliche Verlagsgesellschaft mbH*, Stuttgart (2004)

[44] Matissek et al., Lebensmittelanalytik, 2. Auflage, *Springer Verlag*, Berlin (1992)

[45] Milazzo G., Die Verwendung von o-Dianisidin als Redoxindikator in der Mikromaßanalyse, (1950)

[46] Mausumee G. et al., LPS induction of gene expression in human monocytes, *cellular signalling*, **13**, 85-94 (2001)

[47] Medina F. et al. Purification of human lamina propria cells by an immunogenetic selection method, *J Immunol Methods.* **585**, 129-135 (2004)

[48] Michael A. et al., The molecular cell biology of interferon-γ and its receptor, *Annu. Rev. Immunol.*, **11**, 571-611 (1993)

[49] Morris G.P., Hapten induced model og chronic inflammation and ulceration in the rat colon, *Gastroenterology*, **96**, 795-803 (1989)

[50] Mülhardt C., Der Experimentator Molekularbiologie/ Genomics, 6. Auflage, *Spektrum Akademischer Verlag*, München (2009)

[52] Mutschler E. Arzneimittelwirkungen, 6. völlig neu bearbeitete und erweiterte Auflage, *Wissenschaftliche Verlagsgesellschaft mbH*, Stuttgart (1991)

[53] Mudter J., Neurath M.F. Die Rolle von Zytokinen in der Pathogenese und Therapie chronisch-entzündlicher Darmerkrankungen, *Bundesgesundheitsblatt-Gesundheitsforschung- Gesundheitsschutz* **46**, 217-224 (2003)

[54] Neurath M.F., Schürmann G., Zur Immunpathogenese der chronisch entzündlichen Darmerkrankungen, *Chirug* **71**, 30-40 (2000)

[55] Neville L.F. et al. The immunology of interferon-gamma inducible protein 10 kD (IP-10) a novel pleiotropic member of the C-X-C chemokine superfamily, *Cytokine & growth factor reviews*, **8**, 3, 207-219 (1997)

[56] Newton C.R. et al., PCR, 2. Auflage, *Spektrum Akademischer Verlag*, Münschen (1994)

[57] Okayasu I. et al., A novel method in the induction of reliable experimental acute and chronic ulcerative Colitis in mice, *gastroenterology*, **98**, 694-702 (1990)

[58] Pignatelli M., Gilligan C.J. Transforming growth factor-β in GI neaplasia wound healing and immune response, *Bailliere' Clinical Gastroenterology*, **10**, 1, 65-81 (1996)

[59] Quantikine human TNF-α Immunoassay

[60] Quantikine Mouse/Rat/Porcine TGF-β1 Immunoassay

[61] Quantikine human TGF-β1 Immunoassay

[62] Rehm H., Der Experimentator Proteinbiochemie/ Proteomics, 5. Auflage, *Spektrum Akademischer Verlag*, München (2006)

[63] Rehner R., Daniel H. Biochemie der Ernährung, 2. Auflage, *Spektrum Akademischer Verlag*, Heidelberg (2001)

[64] Reichl F.X. Taschenatlas der Toxikologie, 2. aktualisierte Auflage, *Georg Thieme Verlag*, Stuttgart (2002)

[65] Roitt I.M. et al. Kurzes Lehrbuch der Immunologie, 2. Auflage, *Georg Thieme Verlag* Stuttgart (1991)

[66] Romano M. et al. Biochemical and molecular characterisation of hereditary Myeloperoxidase Deficiency, *Blood*, **90**,4126-4134 (1997)

[67] Santangelo C. et al., Polyphenaols, intracellular signaling and inflammation, *Ann ist super sanita*, **43**, 394-405

[68] Schlegel H.G., Allgemeine Mikrobiologie, 7. überarbeitete Auflage, *Georg Thieme Verlag*, Stuttgart (1992)

[69] Schobinger L., Handbuch der Lebensmitteltechnologie Frucht- und Gemüsesäfte, zweite neubearbeitete und erweiterte Auflage, *Verlag Eugen Ulmer*

[70] Sembries et al., Effects of dietary fibre-rich juice colloids from apple pomace extraction juices on intestinal fermentation products and microbiota in rats, *British journal of nutrition,* **90**, 607-615 (2003)

[71] Sembries S. et al., Physiological effects of extraction juices from apple, Grape, and red beet pomaces in rats, *Jounal of agricultural and food chemistry*, **54**, 10269-10280 (2006)

[72] Silbernagl S. Taschenatlas der Physiologie, 6. korrigierte Auflage, *Georg Thieme Verlag*, Stuttgart (2003)

[73] Strober W. et al. The Immunology of mucosal models of Inflammation, *Annu. Rev. Immunol.* **20**, 495-549 (2002)

[74] Thime E. et al., Streuobstwiesen Alte Obatsorten neu entdeckt, *Jan Thorbecke Verlag*, Ostfeldern (2008)

[75] Tlaskalova-Hogenova H. et al., Commensal bacteria (normal microflora), mucosal immunity and chronic inflammatory and autoimmune diseases, *Immunology letters*,**93**, 97-108 (2004)

[76] Trepel F. Ballaststoffe mehr als ein Diätmittel I. Arten, Eigenschaften, physiologische Wirkungen, *Wien Klin Wochenschr* **116**, 14, 165-176 (2004)

[77] Verordnung über Fruchtsaft, einige ähnliche Erzeugnisse und Fruchtnektar (Fruchtsaftverordnung) vom 24. Mai 2004 (BGBl. I S1016), die zuletzt durch Artikwl 1 der Verordnung vom 9. Oktober 2006 (BGBl. I S.2260) geändert worden ist

[78] Vilcek J., Lee T.H. Tumor necrosis factor, *The Journal of Biochemical Chemistry*, **266**, 12, 7313-7316 (1991)

[79] Villegas I., A new flavonoid derivative, dosmalfate, attenuates the development of dextran sulphate sodium-induced colitis in mice, *International immunopharmacology*, **3**, 1731-1741 (2003)

[80] Villegas I. et al., Effects of dosmalfate, a new cytoprotective agent, on acute and chronic trinitrobenzene sulphonic acid-induced colitis in rats, *Europ J Pharmacol* **460**, 209-218 (2003)

[81] Voet D., Voet J.G., Pratt C.W. Lehrbuch der Biochemie, *Wiley-VCH Verlag GmbH & Co. KgaA*, Weinheim (2002)

[82] Vrhovsek U. et al., Quantitation of Polyphenols in different apple varieties, *Journal of agricultural and food chemistry*, **52**, 6532-6538 (2004)

[83] Waldecker M. et al. Inhibition of histone-deacetylase activity by short-chain fatty acids and some polyphenol metabolites formed in the colon, *Jounal of Nutrional Biochemistry*, accepted august (2007)

[84] Wallace L. et al., Hapten-induced chronic colitis in the rat : alternatives to trinitrobrnzene sulfonic acid, *Journal of pharmacological and toxicological methods*, **33**, 237-239 (1995)

[85] Westermeier R., Elektrophoresepraktikum, *VCH*, Weinheim (1990)

[86] Wright J. et al. Structural characterisation of the isoenzymatic forms of human myeloperoxidase, *Biochemica et Biophysica Acta*, **915**, 68-76 (1987)

[87] www.Bundeslebensschlüssel.de

[88] http://www. gesundheit.de/ernaehrung/lebensmittel/apfel/printer.html (13.03.2009)

[89] http://www.biotech.ist.unige.it/cldb/cl3535.html (04.03.2009)

[90] http:/www.dsmz.de/human_and_animal_cell_lines/info.php?dsmz_nr=124&term=M... (04.03.2009)

[91] www.food-monitor.de/wp-content/uploads/2009/danone_darml.jpg

[92] http://www. gesundheit.de/ernaehrung/lebensmittel/apfel/printer.html (13.03.2009)

8. Anhang

I Apfelsaftanalysen

I.I Apfelsäfte 2006

Tab 1: *Zusammensetzung der Apfelsäfte 2006*

Parameter	Placebo 2006	Apfelmark 2006	Trüb 2006	Klar 2006
Dichte 20/20	1,049	1,062	1,051	1,050
Brix [°]	11,78	14,33	12,21	12,05
Leitfähigkeit [µS]	2160	2490	2210	2250
Extrakt [g/L]	27,7	159,1	131,4	129,8
zuckerfreier Extrakt [g/L]	15,7	35,6	21,6	21,8
Glukose [g/L]	23,7	27,8	18,9	19,6
Fruktose [g/L]	71,4	75,3	69,2	68,2
Saccharose [g/L]	16,9	20,4	21,7	20,2
Gesamtsäure pH 7,0 WS [g/L]	7,84	7,36	8,22	8,12
Gesamtsäure pH 8,1 WS [g/L]	7,94	6,77	8,34	8,24
Gesamtsäure pH 8,1 ÄS [g/L]	7,09	6,47	7,44	7,36
pH-Wert [g/L]	3,43	3,34	3,13	3,13
Ethanol	n.n.		0,41	0,43
flüchtige Säure [g/L]	n.n.		0,05	0,04
L-Milchsäure [g/L]	n.n.		n.n.	n.n.
D-Milchsäure [g/L]	n.n.		n.n.	n.n.
L-Äpfelsäure [g/L]	8,9	8,59	9,4	9,2
Zitonensäure [g/L]	0,1	0,09	0,1	0,1
Gesamtphenole [mg/L]	n.n.	1470	1343	1072
Askorbinsäure [mg/L]	10,6	246	47	10,4
Sorbit [g/L]	4,6	6,94	4,7	4,6
Natrium [mg/L]	7		8	9
Magnesium [mg/L]	48	54	51	49
Calcium [mg/L]	49	33	49	43
Kalium [mg/L]	1146	1600	1145	1114

Tab. 2: *Polyphenolzusammensetzung der Apfelsäfte 2006*

Parameter	Apfelmark 2006	Trüb 2006	Klar 2006
Procyanidin B1	20,0	8,5	5,7
Catechin	26,2	6,9	8,7
Procyanidin B2	110,4	71,2	62,0
Epicatechin	79,7	36,3	57,2
Procyanidin C1	41,5	35,8	32,3
Phlorethin-2'Xyloglucosid	70,0	40,9	40,6
Unbek. Dihydrochalkon		4,5	4,4
Phlorizin	29,2	9,0	11,6
Cumaroylglukose	0,6	0,1	0,2
Chlorogensäure	170,6	177,8	186,8
Kryptochlorogensäure	8,1	5,3	4,7
Kaffeesäure	1,3	0,2	0,0
3-Cumaroyl-Chinasäure	9,3	4,5	4,9
5-Cumaroyl-Chinasäure		5,5	4,3
4-Cumaroyl-Chinasäure	61,7	41,8	49,3
Cumarsäure	2,0	0,4	0,4
Quercitin-3-Galaktosid	7,0	1,3	1,5
Quercitin-3-Glucosid	1,1	0,6	0,7
Quercitin-3-Xylosid	1,5	0,3	0,5
Quercitin-3-Arabinosid	4,4	0,4	0,8
Quercitin-3-Rhamnosid	4,6	1,5	2,1
Summe	649,4	452,8	478,6

I.II Apfelsäfte 2007

Tab 3: *Zusammensetzung der Apfelsäfte 2007*

Parameter	Placebo 2006	Apfelmark 2007	Trüb 2007	Klar 2007
Dichte 20/20	1,049	1,062	1,054	1,053
Brix [°]	11,78	14,33	13,3	12,87
Leitfähigkeit [µS]	2160	2490	2300	2300
Extrakt [g/L]	27,7	159,1	139	137,4
zuckerfreier Extrakt [g/L]	15,7	35,6	24,4	22,9
Glukose [g/L]	23,7	27,8	23,9	28,6
Fruktose [g/L]	71,4	75,3	65,4	70,2
Saccharose [g/L]	16,9	20,4	25,2	15,6
Gesamtsäure pH 7,0 WS [g/L]	7,84	7,36	9,49	9,33
Gesamtsäure pH 8,1 WS [g/L]	7,94	6,77	8,6	8,44
Gesamtsäure pH 8,1 ÄS [g/L]	7,09	6,47	8,21	8,07
pH-Wert [g/L]	3,43	3,34	3,12	3,09
L-Äpfelsäure [g/L]	8,9	8,59	10,28	10,14
Zitonensäure [g/L]	0,1	0,09	0,09	0,1
Gesamtphenole [mg/L]	n.n.	1470	1070	844
Askorbinsäure [mg/L]	10,6	246	30	24
Sorbit [g/L]	4,6	6,94	6,86	6,68
Magnesium [mg/L]	48	54	50	49
Calcium [mg/L]	49	33	46	49
Kalium [mg/L]	1146	1600	1081	1068

Tab. 4: *Polyphenolzusammensetzung der Apfelsäfte 2007*

Parameter	Apfelmark 2007	Trüb 2007	Klar 2007
Procyanidin B1	20,0	4,9	3,2
Catechin	26,2	6,6	6,2
Procyanidin B2	110,4	32,6	27,2
Epicatechin	79,7	18,6	20,3
Procyanidin C1	41,5	5,5	2,4
Phlorethin-2'Xyloglucosid	70,0	57,7	58,8
Unbek. Dihydrochalkon		6,4	6,4
Phlorizin	29,2	23,9	24,8
Cumaroylglukose	0,6	1,9	1,8
Chlorogensäure	170,6	162,0	160,4
Kryptochlorogensäure	8,1	23,0	22,2
Kaffeesäure	1,3	0,3	0,9
3-Cumaroyl-Chinasäure	9,3	6,8	5,6
4-Cumaroyl-Chinasäure	61,7	125,0	110,2
Cumarsäure	2,0	1,2	1,1
Quercitin-3-Galaktosid	7,0	1,0	1,2
Quercitin-3-Glucosid	1,1	0,3	0,4
Quercitin-3-Xylosid	1,5	0,4	0,5
Quercitin-3-Arabinosid	4,4	0,7	0,7
Quercitin-3-Rhamnosid	4,6	1,3	1,7
Summe	649,4	480,0	455,9

I.III Apfelsaftextrakte

Tab. 5: *Zusammensetzung der Apfelsaftextrakte*

Parameter	AE 2006	AE 2007
Procyanidin B1	2,1	2,5
Catechin	4,2	4,8
Procyanidin B2	28,6	20,6
Epicatechin	30,4	12,8
Procyanidin C1	16,0	3,9
Phlorethin-2'Xyloglucosid	29,1	54,2
Phlorizin	9,2	23,6
5-Kaffeeoylchinasäure	140,3	124,9
4-Kaffeeoylchinasäure	4,1	16,3
Cumaroylglukose	0,1	1,2
Kaffeesäure	0,1	0,0
3-Cumaroyl-Chinasäure	3,1	5,5
4-Cumaroyl-Chinasäure	37,3	98,2
5-Cumaroyl-Chinasäure	2,0	0,0
Cumarsäure	0,2	1,0
Quercitin-3-Rutinosid	n.n.	n.n.
Quercitin-3-Galaktosid	1,0	1,1
Quercitin-3-Glucosid	0,5	0,4
Quercitin-3-Xylosid	0,3	0,6
Quercitin-3-Arabinosid	0,2	0,9
Quercitin-3-Rhamnosid	1,4	1,5
Gesamtpolyphenole	310,3	373,7
Fruktose	0,1	0,0
Rhamnose	0,3	0,5
Arabinose	0,7	0,6
Galaktose	0,8	0,4
Glukose	6,1	7,0
Xylose	0,4	1,1
Galakturonsäure	0,4	0,1
Glukuronsäure	0,1	0,6

II Chemikalien und Lösungen

II.I Tierbehandlung

Chemikalien:
Diethylether: Merck

NaCl: Sigma

Hydroxyethylcellulose: Fluka

Glycerin: Merck

Ethanol: Roth

Ketamin: Sigma

Anestetica:

NaCl (0,9 %)

Ketamin (100 $\frac{g}{L}$):

Ketamin	1,15 g
NaCl (0,9 %)	10 mL
Benzethoniumchlorid	(1,0 %)

1:1 NaCl (0,9 %) : Ketamin (100 $\frac{g}{L}$)

Kolongel:

H_2O	35 mL
Glycerol (85-87 %)	10,0 g
Hydroxyethylcellulose	1,5 g
H_2O bzw. Ethanol	55 mL

II.II Gesamtleukozytenzahl

Chemikalien:

Essigsäure: Roth

II.III Leukoztencharakterisierung

Chemikalien:

Methanol: Merck

May-Grünwaldlösung: Roth

Giemsalösung: Roth

II.IV Probenahme

Chemikalien:
Diethylether: Merck

NaCl: Roth

Heparin: Sigma

Formaldehyd: Merck

$Na_2H_2PO_4 \cdot H_2O$: Merck

Na_2HPO_4: Merck

Proteaseinhibitorcoctail: Sigma

Triton X-100: Sigma

Tris: Sigma

PMSF: Sigma

Sodiumdesoxicholat: Sigma

NaCl-Lösung:

NaCl (0,9 %)

Heparinlösung:

Heparin	1000 U
NaCl (0,9 %)	1 mL

Formaldehydlösung (pH 7,0):

$Na_2H_2PO_4 \cdot H_2O$	4,0 g
Na_2HPO_4	6,5 g
Formaldehyd (36-40 %)	100 mL
H_2O	ad 900 mL

RIPA-Puffer (pH 7,4):

Tris	302,85 mg
NaCl	438,3 mg
PMSF-Lösung	0,5 mL
Triton X-100	0,5 mL
Sodiumdesoxycholat	207,2 mg
SDS (20 %)	250 µL
H_2O	ad 50 mL

PMSF-Lösung:

PMSF	17,42 mg
Ethanol	1 mL

II.V RNA-Isolation mit Trizol

Chemikalien:

Trizol: Invitrogen

Chloroform: Merck

Isopropanol: Merck

Ethanol: Roth

RNSse freies Wasser: Baker

II.VI RNA-Isolation mit RNeasy MiniKit

RNeasy Mini Kit: Quiagen

II.VII RNA-Gelelektrophorese

Chemikalien:

Agarose: Gibco BRL

Glycerin: Merck

3-Morpholenopropan-1-sulfonsäure

Natriumacetat: Sigma

EDTA: Roth

Diethylpyrocarbonat: Sigma

Bromphenolblau: Applichem

SDS(20 %): Applichem

Formaldehyd: Merck

Ethidiumbromid: Molecular biologie reagents

RNAse freies Wasser: Baker

Aufftragspufferstammlösung:

Bromphenolblau	Spatelspitze
Glycerin	3,3 g
SDS 20 %	2,85 mL
H_2O	ad 10 mL

Auftragspuffer:

10x Mops	3,6 µL
Formamit	18 µL
Formaldehyd	6,4 µL
Auftragspufferstammlösung	4 µL
Ethidiumbromidlösung	0,2 µL

10x Mops:

3-Morpholenopropan-1-sulfonsäure (Mops)	41,85 g
Natriumacetat	4,1 g
EDTA	2,92 g
DCPC-Wasser	ad 1L

DEPC-Wasser:

Diethylpyrocarbonat 0,1 %

II.VIII Polymerasekettenreaktion

Chemikalien:

Iscript reaction mix: Bio Rad

Syber green: Thermo scientific

II.IV Gewebeaufbereitung

Chemikalien:

KH_2PO_4: Merck

$KHPO_4$: Merck

HETAB: Sigma

EDTA: Roth

Proteaseinhibitorcoctail: Sigma

NaCl: Roth

Triton X-100: Sigma

Tris: Sigma

PMSF: Sigma

Sodiumdesoxicholat: Sigma

Kaliumphosphatpuffer (pH 7,4):

KH_2PO_4	0,157 g
$KHPO_4$	0,671 g
H_2O	ad 100 mL

Lysepuffer:

NaCl 1,8 %

Homogenisierungspuffer (pH 6,0):

KH_2PO_4	0,607 g
$KHPO_4$	0,940 g
HETAB	0,500 g
EDTA (500 mM, pH 8,0)	2 mL
H_2O	ad 100 mL

RIPA-Puffer (pH 7,4):

Tris	302,85 mg
NaCl	438,3 mg
PMSF-Lösung	0,5 mL
Triton X-100	0,5 mL
Sodiumdesoxycholat	207,2 mg
SDS (20 %)	250 µL
H_2O	ad 50 mL

II.X Proteingehalt nach Lowry

Chemikalien:

NaOH

Na_2CO_3: Merck

K-Na-tartrat: Merck

$CuSO_4$: Merck

Folinreagenz: Sigma

BSA: INC Biochemicals

Lowry A:

Na_2CO_3 (2,0 %)	50 mL
K-Na-tartrat (2,7 %)	500 µL
$CuSO_4$ (1 %)	500 µL

Lowry B:

1:1 Folinreagenz:H_2O

II.XI MPO-Aktivität Grishham

Chemikalien:

Tetramethybenzidin: Sigma

N,N-Dimethylformamid: Merck

H_2O_2: Applichem

KH_2PO_4: Merck

$KHPO_4$: Merck

Natriumacetat: Merck

Myeloperoxidase: Sigma

DMF-Lösung:

Tetramethybenzidin	7,7 mg
N,N-Dimethylformamid	3,2 mL

H_2O_2-Lösung:

H_2O_2 (30 %)	20 µL
H_2O	10 mL

Assaypuffer:

KH_2PO_4	1,053 g
$KHPO_4$	0,046 g
HETAB	0,500 g
H_2O	ad 100 mL

Stoppreagenz (pH 3,0):

Naacetat (0,2 N)

II.XII Myeloperoxidaseaktivität nach Kravitzs

Chemikalien:

HETAB: Sigma

KH_2PO_4: Merck

H_2O_2: Applichem

O-Dianisidin: Sigma

Proteaseinhibitor: Sigma

Myeloperoxidase: Sigma

HETAB-Puffer:

Hexadecyltrimethylammoniumbromid (HETAB)	0,5 g
KH_2PO_4 (50 mM)	ad 100 mL

Reaktionsreagenz:

H_2O_2 (0,3 %)	5 µL
o-Dianisidinpuffer	2,995 µL

o-Dianisidinpuffer:

o-dianisidindihydrochlorid	0,167 mg/mL
KH_2PO_4 (50 mM)	ad 100 mL

II.XIII ELISAs

Quantikine human TNF-α Immunoassay

Quantikine human TGF-β1 Immunoassay

Quantikine Mouse/Rat/Porcine TGF-β1 Immunoassay

II.XIV SDS-PAGE und Western Blot

Chemikalien:

Tris: Roth

Glycerin: Merck

SDS(10 %): Applichem

SDS(20 %): Applichem

Bromphenolblau: Applichem

Acrylamid/Biacrylamid (30 %): Sigma

Ammoniumperoxodisulfat: Merck

TEMED: Sigma

Marker, Presicion Rainbow: Bio Rad

Mercaptoethanol: Sigma

n-Butanol: Merck

Isopropanol: Merck

Methanol: Merck

Milchpulver: Roth

TWEEN 20: Applichem

NaCL: Roth

Essigsäure: Roth

Membran PVDF 0,2 µM: Bio Rad

p-Cumarsäuree: sigma

DMSO: Sigma

Luminol: Sigma

H_2O_2 (30 %): Applichem

Amidoschwarz: Merck

Elektrophoresepuffer (10x):

Glycerin	720 g
Tris	150 g
SDS (20 %)	250 mL
H_2O	ad 5 L

Anodenpuffer 1 (pH 10,4):

Tris	36,3 g
Methanol	100 mL
H_2O	ad 1 L

Anodenpuffer 2 (pH 10,4):

Tris	3 g
Methanol	100 mL
H_2O	ad 1 L

Kathodenpuffer (pH 9,4):

Glycin	3 g
Tris	3 g
Methanol	200 mL
SDS (20 %)	250 mL
H_2O	ad 1 L

Ladepuffer 6x:

Tris (0,5 M; pH6,8)	50 mL
SDS	1,24 g
Glycerin	40 mL
Brommphenolblau	Spatelspitze
Mercaptoethanol	5 mL
H_2O	ad 100 mL

TBS 20x (pH 7,4):

NaCl	304 g
Tris	97 g
H_2O	ad 2 L

TBS-T:

TBS 20x	100 mL
TWEEN 20	3 mL
H_2O	ad 2 L

Blocking Puffe:

Milchpulver	5 g
TBS-T	ad 100 mL

Amidoschwarzfärbelösung:

Amidoschwarz	100 mg
Isopropanol	25 mL
Essigsäure	10 mL
H_2O	ad 100 mL

Sammelgel:

H_2O	2,17 mL
Tris (1 M; pH 6,8)	1 mL
Acrylamid/Biacryamid	666 µL
SDS (10 %)	40 µL
APS (10 %)	40 µL
TEMED	4 µL

Trenngel:

H_2O	2,3 mL
Tris (1,5 M; pH 8,8)	2,5 mL
Acrylamid/Biacryamid	5 mLL
SDS (10 %)	100 µL
APS (10 %)	100 µL
TEMED	4 µL

Detektionsreagenz A:

Luminol	50 mg
Tris (100 mM, pH 8,6)	200 mL

Detektionsreagenz B:

Cumarsäure	11 mg
DMSO	10 mL

H_2O_2-Stammlösung:

Tris (100 mM, pH 8,6)	200 mL
H_2O_2 (30 %)	100 µL

II.XV Kurzkettige Fettsäuren

Chemikalien:

Isobutyrat: Sigma

2-Methyl-1-Pentanol: Sigma

Acetat: Fluka

Propinat: Fluka

Butyrat: Fluka

HCl: Merck

KOH: Merck

$HClO_4$: Fluka

II.XVI Histologie

Chemikalien:

Eiweiß-Glycerin: Roth

Eosin G Lösung 0,5 % wässsrig: Roth

Paraplast X-Tra: Roth

Roti-Histokitt: Roth

Hämalaunlösung: Roth

Ethanol: Roth

Xylol: Roth

Essigsäure: Roth

Roticlear: Roth

Isopropanol: Merck

II.XVII Zellkultur

Chemikalien:

Medium (RPMI 1640): PAA

FKS: PAA

HEPES: Merck

Penicellin/Strptomycin: PAA

DMSO: Sigma

Kulturmedium:

RPMI 1640	432,5 mL
FKS	50 mL
Pen/Strep	5 mL
HEPES (1 M)	12,5 mL

II.XVIII Zellinkubation

Chemikalien:

DMSO: Sigma

LPS: Sigma

Kulturmedium (FKS-frei):

RPMI 1640	482,5 mL
Pen/Strep	5 mL
HEPES (1 M)	12,5 mL

II.XVIV Zellernte

Chemikalien:
Proteaseinhibitorcoctail: Sigma

III Geräte

Brutschrank	Heraeus 6000 Thermo scientific
Disperser:	IKA works INC., T18 Basic
Elektrophoresegerät	Bio Rad Power Pack 300
Blottinggerät	Biometra Power Pack P25
Blotkammer	Hoefer TE 77 semy dry transfer unit
Gaschromatograph	Hewlett 5890 Packard series II
Gefrierschrank:	MS Laborgeräte Schroeder OHG, Sanyo
Gefriertrocknung	Evitt alpha
Inkubator:	Elmi shaker S4
Inkubator:	CATRM 5
Kühlplatte	Cpo 30 Kühlplatte Mediti
Mikrotom	Leica RM 2125 RT
PCR-Gerät	Bio Rad i-Cycler
Lamina:	BDK Luft- und Reinraumtechnik GmbH
Lumi Imager	Boeringer
pH-Meter	Eutech instruments pH510
Mikroskop:	Zeiss West germany, Axioskop
Pipetten	alle Eppendorff reaearch
Plattenreader:	MWG, Sirius HT Injector
Potter:	Heidolph RZR 2100 electronic
Rotor:	Beckman, JA-25.5, serial NO.97E.5927
Schüttler:	S4 Elmi
Ultraschallstab:	Labsonic 2000
Waage:	Satorius, BP210s
Waage:	Ohaus, Precision Standard
Wärmeplatte	severin
Wasserbad:	Gesellschaft für Labortechnik mbH, 1082
Wortexer	Heidolph, Reax 2000
Wortexer	Boilock scientific, Agitateur Top-Mix 11118
Zentrifuge:	Beckman, J2-21 centrifuge, J2-21 centrifuge
Zentrifuge:	Beckman,GS-6R centrifuge
Zentrifuge:	Beckman, Mikrofuge R centrifuge

IV Lebenslauf

Name: Minn

Vorname: Jutta

Anschrift: Kirchstraße 22
54441 Ockfen
Telefon: 015776047263
E-mail: juttaminn@gmx.net

Geburtsdatum: 22.07.1981

Geburtsort: Trier

Staatsangehörigkeit: Deutsch

Familienstand: ledig

Berufsleben:
Schulische Ausbildung:
- 07.1988-07.1992: Grundschule St. Marien Saarburg-Beurig
- 08.1992-06.1998: Realschule Saarburg
- 07.1998-06.2001: Gymnasium Saarburg
  Abitur: 08.06.2001

Universitäre Ausbildung:
- 10.2001-03.2006: Technische Universität Kaiserslautern
  (Studiengang: Lebensmittelchemie)
  Staatliche Vorprüfung: 09.10.2003
  Forschungspraktikum: Universität der Bourgogne, 01.2005-04.2005
  1. Staatsprüfung: 31.09.2005
  Diplom: 31.03.06 (Abschlussarbeit: Einfluss von Apfelsaft auf chronisch entzündliche Veränderungen im Rattenkolon)

Beruflicher Werdegang:
- 04.2006-04.2009: Wissenschaftliche Angestellte an der TU Kaiserslautern (Fachbereich Chemie, Fachrichtung Lebensmittelchemie und Toxikologie)
- 05.2009-jetzt: Landesuntersuchungsamt Rheinland-Pfalz

Kaiserslautern, den ______________

____
(Jutta Minn)

Printed by Books on Demand GmbH, Norderstedt / Germany